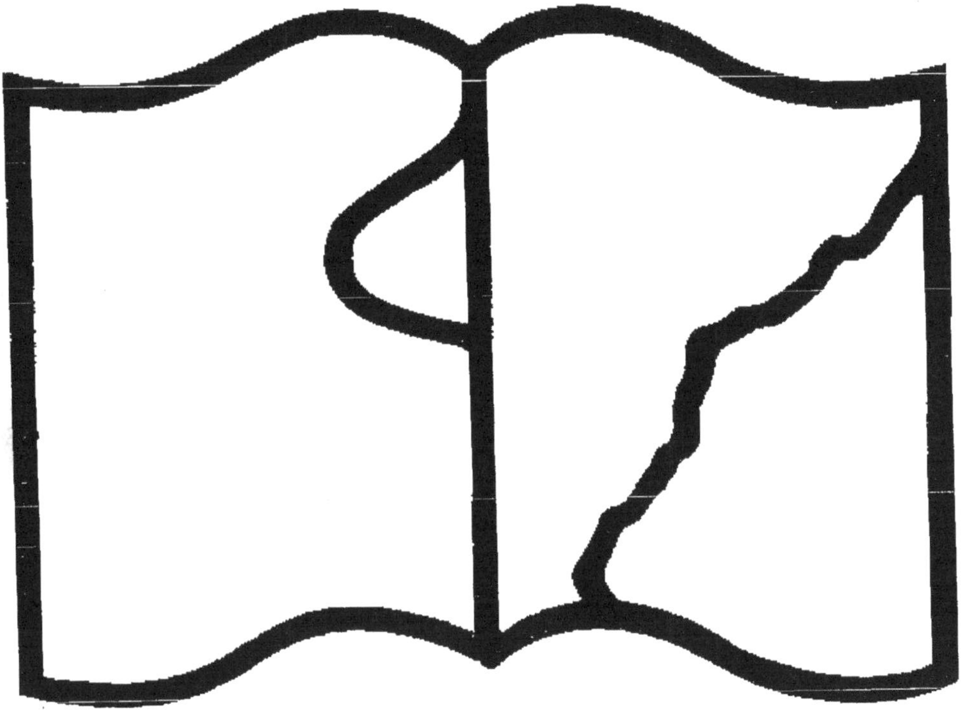

AF474426

Contraste insuffisant

NF Z 43-120-14

M. D'AVEZAC

LE RAVENNATE

ET SON EXPOSÉ COSMOGRAPHIQUE

Publié par M. Jean GRAVIER

Avec une Notice biographique et bibliographique

Par M. Gabriel GRAVIER

LE RAVENNATE

EXTRAIT DU BULLETIN DE LA SOCIÉTÉ NORMANDE

DE GÉOGRAPHIE

(CAHIER DE SEPTEMBRE-OCTOBRE 1888)

M. D'AVEZAC

LE RAVENNATE

ET SON EXPOSÉ COSMOGRAPHIQUE

publié par

M. JEAN GRAVIER

Avec une notice biographique et bibliographique

PAR

M. GABRIEL GRAVIER

ROUEN
IMPRIMERIE DE ESPÉRANCE CAGNIARD
88, rue Jeanne-Darc, 88

1888

NOTICE SUR M. D'AVEZAC

I

BIOGRAPHIE

E 15 janvier 1875, M. Malte-Brun m'écrivait[1] : « Mon cher ami, le » pauvre M. d'Avezac est mort » hier, 14, à midi... C'est une » grande perte pour la science géo- » graphique ».

M. Malte-Brun avait raison : la mort de M. d'Avezac était une grande perte pour la Géographie, surtout pour la Géographie historique dont il était depuis longtemps le maître incontesté.

Sa perte a été douloureusement ressentie par ses amis, par les savants des deux mondes, par toutes les Sociétés de Géographie qui se firent un devoir d'exprimer à celle de Paris la part qu'elles prenaient à son deuil. Le 1er août de la même année, le Congrès international des sciences géographiques ouvrait à Paris, dans la salle des Etats, sa 2me session. A l'ouverture de la séance, M. D'hane-Steenhuise, qui occupait le fauteuil de la présidence, associa, dans un solennel hommage, le nom de M. d'Avezac à ceux de MM. de Caumont et d'Homalius d'Halloy.

M. d'Avezac ne brillait pas seulement par un immense savoir. Il avait les qualités de cœur, la noblesse de caractère, la dignité de la vie qui forcent le respect, et cette exquise courtoisie qui fixe l'affection.

Toutes ses œuvres sont le fruit de longues et patientes recherches. Il ne reculait devant aucun labeur, devant aucun sacrifice pour réunir les éléments de ses études. Il ne comprenait même pas que l'on fît autrement. Lui ayant un jour demandé avec une certaine insistance un travail qu'il m'avait promis pour la préface du *Canarien*, il me répondit, sous la date du 26 juin 1874 : « Peut-» être suis-je bien lent à étudier les choses, mais je ne » comprends pas que l'érudition puisse être menée aussi » cavalièrement qu'on semble vous l'imposer ». Il me disait un peu plus tard : « Quand une œuvre est pu-» bliée, on la trouve bonne ou mauvaise; jamais on ne » demande en combien de temps elle a été faite ».

Ces sages recommandations, il se les appliquait rigoureusement, et c'est ainsi qu'il a résolu les problèmes géographiques les plus difficiles.

Il avait aussi le respect de la forme. Ses écrits ne brillent pas moins par l'élégance et la pureté de la diction que par une érudition de bon aloi et sûre d'elle-même.

Il conservait invariablement, même à l'égard de ses adversaires les plus vifs, une courtoisie parfaite, et toujours il maintenait la discussion dans les régions sereines de la science.

Un mois avant sa mort, alors qu'il n'avait plus aucun doute sur sa fin prochaine, il me disait ces mots qui sont restés gravés dans ma mémoire et dans mon cœur : « Je » suis une lampe qui s'éteint. Je puis me rendre cette » justice que pendant cinquante ans j'ai tenu la plume, » et toujours loyalement. J'ai même l'espoir d'avoir rendu » quelques services à la science et à mon pays ». Il écrivait, dès 1852, dans sa préface à la Cosmographie d'Ethicus : « La recherche de la vérité, tel est l'objet constant de » nos efforts. Il nous est du moins permis ici de nous » rendre nous-même cette justice, que nul ne pourrait » mettre, à la poursuivre, plus d'ardeur et de bonne foi ».

Ce jugement a été ratifié par ses contemporains et le sera par la postérité.

A son amour de la science s'en joignait un autre, non moins noble et non moins profond, l'amour de la patrie.

Comme l'ont dit MM. Maxime Deloche et Henrico Narducci, M. d'Avezac est mort de la guerre de 1870-71.

Au mois de juillet 1870, il était plein de vigueur, alerte, tout à ses chères études. Les blessures et les humiliations du pays l'ont frappé au cœur, et jamais plus il ne retrouva cette santé superbe qui lui faisait porter si légèrement ses soixante-dix ans. J'ai sous les yeux les nombreuses lettres qu'il m'a fait l'honneur de m'écrire, j'ai encore présentes à l'esprit mes fréquentes visites, et, dans ma correspondance comme dans mes souvenirs, je vois sa vigoureuse constitution s'altérer d'année en année, de mois en mois, et la maladie, enfin victorieuse, le river dans son fauteuil.

Souvent alors la douleur crispe son visage, mais jamais il ne profère une plainte, jamais il ne ferme sa porte à un ami, et toujours, la crise passée, revient son bon sourire et son intéressante conversation. Le corps s'affaiblit, mais la tête et le cœur conservent toute leur puissance. Jusqu'au dernier jour il cultive les sciences géographiques et donne, à qui les demande, ses conseils et ses encouragements. Sa pensée vaste et ingénieuse s'est éteinte, son cœur généreux a cessé de battre sans avoir subi les affaiblissements de l'âge et de la maladie. D'ailleurs, la conscience tranquille, persuadé qu'il a rempli tous ses devoirs de citoyen, de chef de famille, d'administrateur et de savant, il voit d'un calme regard la mort s'approcher de lui.

M. d'Avezac de Castera de Macaya (Marie-Amand-Pascal) est né à Tarbes, le 18 avril 1800, d'une ancienne famille parlementaire [1].

Il a été élevé dans le Bigorre, au milieu d'un magnifique réseau de fleuves et de rivières, en vue des masses pyrénéennes dont les cimes bleues déchirent l'horizon, de cet admirable tableau que forment, dit Elisée Reclus,

[1] Fort-Guillaume d'Avezac est parmi les seigneurs bigorrais qui signèrent la charte de fondation de l'abbaye de Saint-Pé, entre 1010 et 1032 (Voir *Ess. histor. sur le Bigorre*, t. I, pp. 148 à 154).

la plaine joyeuse, les coteaux et la tranquille assemblée des monts. Ce pays, qui sut conserver une originalité propre, et fut témoin de grands faits historiques, sollicita de bonne heure le génie de M. d'Avezac.

Il lui consacra les prémices de sa plume, deux volumes in-8°, ayant pour titre : *Essais historiques sur le Bigorre.* Il avait alors vingt-trois ans. Eh bien ! dans cette œuvre de prime jeunesse, encore utilement consultée, on trouve l'esprit d'investigation, la méthode, le style, la sincérité du récit qui seront les qualités maîtresses de la longue carrière scientifique de M. d'Avezac.

Après avoir suivi les cours de la Faculté de droit de Paris, il est quelque temps attaché à l'ambassade de Madrid, puis il entre au ministère de la Marine et en devient conservateur des Archives.

En relations quotidiennes avec nos marins et nos voyageurs, sa vocation se fixe définitivement. Mais en homme sage, de ferme volonté, qui voit de loin, il veut se rendre familières les diverses parties de la science qui désormais occupera ses loisirs. Il est très fort en grec et en latin ; l'espagnol et le portugais lui sont aussi familiers que sa langue maternelle; à ce bagage déjà respectable, il ajoute l'anglais, l'allemand, le hollandais, l'italien, l'arabe, des connaissances mathématiques étendues et la technique de la cartographie.

A ce moment même, Conrad Malte-Brun, Walckenaër, Jomard, Alexandre de Humboldt, Karl Ritter ouvraient aux études géographiques des horizons nouveaux. M. d'Avezac avait sa place marquée dans cette pléïade, dans cette atmosphère de haute science qui convenait si bien à sa studieuse jeunesse.

En 1831, il est reçu membre de la Société de Géographie. De 1833 à 1835 il en est secrétaire général, et ses rapports annuels sur les progrès des sciences géographiques sont des modèles d'élégance et d'érudition. Cette Société l'a élu vice-président treize fois, président six fois et l'a nommé, par une mesure exceptionnelle, président honoraire de sa Commission centrale.

Le 26 janvier 1866, il a été appelé à l'Académie des Inscriptions et Belles-Lettres en remplacement de Victor Leclerc. Il était alors depuis longtemps, au témoignage de M. Maxime Deloche, le chef reconnu et comme la personnification de la Société de Géographie.

La campagne de 1870-71 a prouvé l'insuffisance de notre enseignement géographique. La géographie était considérée comme une annexe de l'histoire, et l'histoire, drogue fort dangereuse pour le repos des hommes de l'Empire, était expurgée, corrigée, tronquée, faussée, et servie, prudemment, en tranches minuscules.

Le ministre de l'Instruction publique jugea indispensable de relever l'enseignement de la Géographie et nomma dans ce but une Commission d'hommes compétents. Non seulement M. d'Avezac y fut appelé, mais il en eut la vice-présidence.

Sous une savante et vigoureuse impulsion, la géographie prend peu à peu dans l'instruction la place qui lui revient, un grand mouvement se produit dans le public, des Sociétés de Géographie se fondent, les voyages de découverte et d'études se multiplient, tout le monde comprend ou paraît comprendre que la géographie est la clef de l'histoire, l'un des principaux facteurs de la guerre, du commerce et de l'industrie.

La France n'a pas été seule à reconnaître les services de M. d'Avezac. Tandis qu'elle le nommait chevalier de la Légion d'honneur en 1839, officier en 1861, la plupart des nations européennes lui envoyaient leurs décorations et plus de quarante Sociétés savantes, françaises et étrangères, se l'attachaient comme membre honoraire.

Il jouissait dans le monde géographique de la plus grande autorité, et cette autorité reposait à la fois sur la loyauté de son caractère, sur son immense savoir, sur son esprit investigateur, sur son jugement très droit, enfin sur une œuvre considérable.

M. Enrico Narducci, bibliothécaire de l'*Alessandrina*, a dressé le catalogue de l'œuvre de M. d'Avezac, et c'est assurément le meilleur éloge qu'il pouvait faire de notre éminent ami. On y voit, en effet, un homme maître de sa plume comme des sujets qu'il traitait, un homme qui connaissait aussi bien l'histoire que la géographie, un bibliophile très distingué, un linguiste.

Une analyse, même sommaire, de ses travaux exigerait des centaines de pages, des années d'études et des connaissances qui me font défaut. Je m'en tiendrai, comme M. Narducci, à un simple catalogue. Je me servirai du travail du savant italien, mais je n'en reproduirai pas le classement, bien qu'il me paraisse avoir été inspiré par

M. d'Avezac. Il me semble que l'ordre des dates nous fait pénétrer plus avant dans la vie et dans l'évolution de la pensée de l'écrivain. Les savants, à qui ce catalogue est particulièrement destiné, s'y retrouveront d'ailleurs sans peine.

Avant d'aborder cette dernière partie de mon modeste travail, qu'il me soit permis de donner un mot d'explication sur la publication que je fais aujourd'hui avec la collaboration de mon fils Jean.

Un mois ou six semaines avant sa mort, M. d'Avezac me dit qu'il avait deux manuscrits presque prêts pour l'impression : l'un sur l'Anonyme de Ravenne et son exposé cosmographique; l'autre sur le Triage et le classement final des monuments cartographiques du moyen-âge publiés sous la direction du vicomte de Santarem. Pour le Ravennate, il restait à rattacher les notes et à dresser la carte; pour les monuments cartographiques, à dresser un tableau.

Quand je serai mort, me dit-il, mon gendre, M. Charles Defrémery (de l'Institut), vous les remettra, et je compte sur vous pour les publier.

M. Defrémery m'a remis le manuscrit du Ravennate, l'autre n'a pas été retrouvé.

L'achèvement de l'étude sur le Ravennate était peu de chose pour M. d'Avezac; c'était pour moi une grosse affaire. Toutes les notes ayant servi à la rédaction du travail étaient en paquet, pêle-mêle, d'une écriture très menue et très serrée qui laissait beaucoup de mots douteux. Pour déchiffrer, reconnaître et placer celles qui étaient nécessaire à la clarté ou à l'appui du texte, il fallait savoir à fond plusieurs langues, notamment l'allemand. J'ajoute que l'œuvre barbare de l'Anonyme de Ravenne est souvent d'une lecture extrêmement difficile. Enfin la construction scientifique de la carte exigeait des connaissances mathématiques étendues.

A différentes reprises je m'étais mis à ce travail, et ce que j'en avais le mieux compris c'était les difficultés. Mon fils Jean, préparé par de longues études, avait précisément les connaissances qui me manquaient plus ou moins pour mener à bien cette œuvre. Je l'ai mis au travail, et je crois qu'il a réussi. Je lui dois donc d'avoir pu tenir ma promesse sans recourir aux lumières d'autrui.

Il a eu toute la peine, je lui laisse tout l'honneur.

II

BIBLIOGRAPHIE

Essais historiques sur le Bigorre accompagnés de remarques critiques, de pièces justificatives, de notices chronologiques et généalogiques, avec une carte du Bigorre (2 vol. in-8o, Bagnères, 1823).

De l'état actuel des études historiques sur les Arabes et les Maures d'Espagne, et particulièrement de l'histoire de la domination des Arabes en Espagne, du docteur F.-A. Conde. (Série d'articles dans l'ancien journal littéraire *le Globe*, octobre 1827 à février 1828).

Considérations critiques sur la géographie positive de l'Afrique intérieure occidentale, et analyse comparée du voyage de Caillié à Ten-Boktoue et des autres itinéraires connus : 1o Observations générales; 2o Réponse aux objections élevées en Angleterre contre l'authenticité du voyage de Caillié, avec un dessin et un plan de Ten-Boktoue; 3o Voyages à Ten-Boktoue par la Nigritie; route jusqu'à Timbou. (*Revue des Deux-Mondes*, avril et août 1830).

Revue critique des *Remarques et Recherches géographiques*, annexée au *Journal du voyage de Caillié à Ten-Boktoue*. (Lettre à la Société asiatique de Paris du 3 octobre 1831). — Inédite.

Voyage de découverte au centre de l'Afrique équatoriale. (*Revue des Deux-Mondes*, 15 février 1832).

Examen critique du voyage des frères Lander; lu le 6 juillet 1832. (*Bull. de la Soc. de Géogr.*, juillet 1832).

Note sur le pays de Ouadên et les autres noms géographiques mentionnés dans deux lettres du consul de France à Tanger. (*Bull. de la Soc. de Géogr.*, juin 1833).

Rapport verbal sur un Mémoire de M. Ottmanns relatif aux observations astronomiques de Mungo Park. (*Bulletin de la Soc. de Géogr.*, juillet 1833).

Notice sur l'*Atlas de géographie historique pour servir à l'intelligence de l'histoire ancienne*, de M. Poulain de Bossay. (*Bulletin de la Soc. de Géogr.*, septembre 1833).

Note sur la communication mutuelle de la Gambie et de la Cazamance, lue à la Société de Géographie le 6 septembre 1833. (*Bull. de la Soc. de Géogr.*, janvier 1834).

Examen et rectification des positions déterminées astronomiquement en Afrique par Mungo Park. (Mémoire lu à l'Académie des Sciences et inséré dans la *Connaissance des temps* de 1830, reproduit dans la *kritischer Weigweiser* de Berlin et dans le *Bulletin de la Soc. de Géogr.*, février 1834).

Des études géographiques en France et à l'étranger. (Art. de la *Revue des Deux-Mondes*, 15 mai 1834).

Rapport sur le voyage de M. Leprieur dans l'intérieur de la Guyane. (*Bull. de la Soc. de Géogr.*, octobre 1834).

Notices annuelles des travaux de la Société de Géographie de Paris et du progrès des sciences géographiques pour 1834, 1835 et 1836. (*Bulletin de la Société de Géographie*, novembre 1834, novembre 1835 et décembre 1836).

Fragments détachés d'études historiques sur les contrées et les populations pyrénéennes. (Art. AQUITAINE, BASQUES, ARMAGNAC, ASTARAC, BIGORRE, ALBRET, BISBAYE, ASTURIES, ARAGON, BARCELONE et BÉSALU, de l'*Encyclopédie nouvelle*, 1836; art. BASQUE (pays) et BÉARN, de l'*Encyclopédie des gens du Monde*, 1834).

Notice nécrologique sur Alexandre-François Barbié du Bocage. (*Bull. de la Soc. de Géogr.*, avril 1835).

Etude de géographie critique sur une partie de l'Afrique septentrionale; itinéraire de Hhaggy Ebn-el-Dyn-el-Aghouâthy, avec des annotations et des remarques géographiques, une notice sur la construction d'une carte de cette région, et un appendice sur l'emploi de quelques nouveaux documents pour la rectification du tracé géodésique des mêmes contrées; avec une carte. (Extrait du *Bull. de la Soc. de Géogr.*, 1836).

Fragments détachés d'un tableau historique des Etats barbaresques. (Art. BERBERS, BARGHOUATHAH, AGILABYTES, BÉNY-EL-AAFYAH, BEKRYTES, BÉNY-ATHYAH, ALMORAVIDES, ALMOHADES et ALGER, de l'*Encyclopédie nouvelle*, 1836).

Fragments détachés d'une description et de l'histoire des pays et des peuples de l'Afrique (formant les articles AFRIQUE, ABYSSINIE, BARGAH, BELED-EL-GÉRYD, BORNOU, BAMBARRA, BAMBOUC, ASCHANTY, BORGHOU, BÉNIN et CAP, de l'*Encyclopédie nouvelle*, 1836-1837; et les articles FEZ, FEZZAN, NUBIE, SOUDAN, TAKROUR, TEN-BOKTOUE, PEUL, KONG, GUINÉE, DAHOMEY et HOTTENTOTS, de l'*Encyclopédie des gens du monde*, 1836).

Fragments détachés d'un tableau historique de l'Espagne musulmane. (Art. Andalousie, *Amérytes*, Bény-Abèd. *Bény-Dxy-el-Noun*, Bény-el-Afthas, Bény-Rasyn et Abencerrages, de l'*Encyclopédie nouvelle*, 1836).

Notice géographique de l'Arabie (art. de l'*Encyclopédie nouvelle*, 1836).

Fragments détachés d'histoire ancienne orientale (art. Assyrie, Babylone et Bérose de l'*Encyclopédie nouvelle*, 1836).

Note sur divers documents relatifs à la mort du voyageur anglais Davidson. (*Bull. de la Soc. de Géogr.*, février 1837).

Des cartes géographiques en général, de leur histoire et de leur construction (art. *Cartes géographiques* de l'*Encyclopédie nouvelle*, 1837).

Esquisse générale de l'Afrique : aspect et constitution physique, histoire naturelle, ethnologie, linguistique, état social, histoire, explorations et géographie. (In-8° jésus, Paris, 1837).

Analyse géographique du voyage de Caillié chez les Maures de Bérakuah en 1824 et 1825, avec une carte. (Extrait du *Bull. de la Soc. de Géogr.*, 1838).

Relation des Mongols ou Tartares par le frère Jean du Plan de Carpin, de l'ordre des Frères Mineurs, légat du Saint-Siège apostolique, nonce en Tartarie pendant les années 1245, 1246 et 1247, et archevêque d'Antivari. Première édition complète, publiée d'après les manuscrits de Leyde, de Paris et de Londres, et précédée d'une notice sur les anciens voyages de Tartarie en général, et sur celui de Jean du Plan de Carpin en particulier. (*Recueil de voyages et de Mémoires publié par la Société de Géographie*, t. IV, Paris, Arthus Bertrand, 1839).

Relation des voyages de Sævulf à Jérusalem et en Terre-Sainte pendant les années 1102 et 1103. (Extrait du *Recueil de voyages et de Mémoires, publié par la Société de Géographie,* t. IV, Paris, Arthus Bertrand, 1839).

Lettre sur la date véritable de l'Atlas catalan de la bibliothèque du roi Charles V (en anglais dans la *Litterary Gazette* du 16 mai et dans l'*Athenæum* du 27 juin 1840).

Note sur quelques itinéraires de l'Afrique septentrionale. (*Bull. de la Soc. de Géogr.*, octobre 1840).

Note sur les documents recueillis jusqu'à ce jour pour l'étude de la langue berbère, et sur divers manuscrits anciens en cette langue qu'il importe de rechercher. (*Bull. de la Soc. de Géogr.*, octobre 1840).

Analyse géographique d'un voyage au lac Paniéfoul et au pays de Yolof, avec une carte; lue le 18 septembre 1840 (*Bull. de la Soc. de Géogr.*, octobre 1840).

Notice sur la vie et les ouvrages de d'Anville. (Traduite dans la *New general biographical Dictionary* de Rose 1840).

Des voies romaines dans la Numidie et la Mauritanie considérées dans leurs rapports avec l'occupation du pays. (Dans le *Tableau des établissements français en Algérie,* pour 1839, in-fol., 1840).

Note en réponse à *Quelques observations sur le Commentaire qui accompagne la relation de Plan de Carpin*. (*Bulletin de la Société de Géogr.*, août 1841).

Un mot sur la langue en laquelle a été écrite la relation originale de Marc Polo. (*Bulletin de la Société de Géogr.*, août 1841).

Aperçu des parties explorées du Niger et de celles qui restent à explorer. (*Bull. de la Soc. de Géogr.*, août 1841).

De l'Algérie et des principaux ouvrages récemment publiés à ce sujet. (*Nouvelles annales des voyages*, septembre 1841).

Essai sur la géographie du pays de Sçoumâl, à l'extrémité de l'Afrique orientale, avec une carte. (Extrait du *Bull. de la Soc. de Géogr.*, 1842).

Notice sur Marc Polo et ses ouvrages. (Art. *Marc Polo* de l'*Encyclopédie des gens du monde*, 1842).

Rapport sur l'ouvrage de M. le comte Léon de la Borde, intitulé : *Commentaire géographique sur l'Exode et les Nombres*. (*Bull. de la Soc. de Géogr.*, juin 1843).

Le passage au nord-ouest et les terres antarctiques (deux chapitres additionnels à l'*Histoire des découvertes maritimes et continentales* de M. Cooley, in-8°, 1843).

Notice sur la vie de Charles-François Oudot, ancien conseiller à la cour de Cassation (particulièrement de son œuvre posthume : *Théorie du jury*, in-8°, 1843).

Triage et classement final des publications respectivement fragmentaires ou intégrales des monuments cartographiques du moyen-âge, reproduits en fac-simile aux frais du gouvernement portugais, sous la direction du vicomte de Santarem, correspondant de l'Institut. — Inédit.

L'atlas dont il est ici question était produit à l'appui d'un ouvrage publié par M. de Santarem sur la priorité des Portugais à la découverte des côtes occidentales d'Afrique. Cette publication porte la date de 1842. Il y avait alors plus de dix ans que M. d'Avezac s'occupait de la même question. A cette époque, il préparait le volume intitulé : *Notice des découvertes faites au Moyen âge dans l'Océan Atlantique,* etc., le huitième de ses travaux sur ces découvertes. Il est à supposer qu'il n'a pas perdu de temps pour examiner et faire le classement de l'œuvre de M. de Santarem, et que le *Triage et classement final* remonte à 1842 ou 1843. Ce travail, qui serait si utile, est malheureusement perdu.

Deux notes sur d'anciennes cartes historiées de l'école catalane. (Extrait du *Bull. de la Soc. de Géogr.,* février 1844).

Les îles fantastiques de l'Océan occidental au moyen âge; fragment inédit d'une histoire des îles de l'Afrique. (Extrait des *Nouvelles annales des voyages,* 1845).

Notice des découvertes faites au moyen âge dans l'Océan Atlantique, antérieurement aux grandes explorations portugaises du XVe siècle, lue à l'Académie des Inscriptions et Belles-Lettres de l'Institut dans les séances des 14 novembre et 5 décembre 1845 et du 6 mars 1846. (Extrait des *Nouvelles annales des voyages,* 1845).

Notice sur les pays et le peuple de Jébou en Afrique, avec une esquisse grammaticale de la langue yébou; suivie du vocabulaire de diverses langues des nègres de la côte occidentale d'Afrique, et accompagnée d'une carte et d'un double-portrait-type. (Extrait des *Mémoires de la Société Ethnologique* de Paris, 1845).

Description et histoire de l'Afrique ancienne, précédée d'une exquisse générale de l'Afrique. (Volume de la collection *L'Univers* de Didot, 1845).

Note sur la situation du véritable mouillage marqué au sud du cap de Bugeder dans toutes les cartes nautiques; lue à la Société de Géographie de Paris dans sa séance du 20 mars 1846. (Extrait du *Bull. de la Soc. de Géogr.*, 1846).

Note sur la première expédition de Béthencourt aux Canaries, et sur le degré d'habileté des Portugais à cette époque; lue à la Société de Géographie de Paris, dans sa séance du 7 novembre 1845. (Extrait du *Bull. de la Soc. de Géogr. de Paris,* 1846).

Fragments d'une notice sur un atlas manuscrit vénitien de la bibliothèque Walckenaer; fixation des dates des diverses parties dont il se compose. (Extrait du *Bull. de la Soc. de Géogr.*).

Description et histoire des îles de l'Afrique (vol. de la collection de *l'Univers* de Didot, 1848).

Programme d'un cours complet d'études géographiques (art. *Géographie* de l'*Encyclopédie moderne;* Paris, Firmin Didot, 1848).

Étude de géographie critique sur l'Afrique intérieure occidentale : série de mémoires lus partiellement à la Société de Géographie en mars, avril et mai 1832. (*Bull. de la Société de Géogr.*, avril 1849).

Note sur un atlas hydrographique exécuté à Venise dans le XVe siècle et conservé aujourd'hui au Musée Britannique, avec un fac-simile. (Extrait du *Bull. de la Soc. de Géogr.*, 1850).

Ethicus et les ouvrages cosmographiques intitulés de ce nom, mémoire lu à l'Académie des Inscriptions et Belles-Lettres de l'Institut de France, suivi d'un appendice contenant la version latine abrégée, attribuée à saint Jérôme, d'une cosmographie supposée écrite en grec par le noble istriote Ethicus; publiée pour la première fois, avec les gloses et les variantes des manuscrits. (Paris, imp. nat. 1852. Extrait des *Mémoires présentés par divers savants à l'Académie des Inscriptions et Belles-Lettres,* 1re série, t. II).

Observation sur l'indication fournie par Cléomèdes d'une ancienne évaluation de la circonférence terrestre plus voisine de la vérité que toutes les autres. (*Bull. de la Soc. de Géogr.*, février 1855).

Notices biographiques sur les voyageurs René Caillié et Hugh Clapperton (articles de l'*Encyclopédie des gens du monde,* 1834-1836, reproduite dans la *nouvelle biographie générale* de Didot, 1855).

Grands et petits géographes grecs et latins; esquisse bibliographique des collections qui en ont été publiées, entreprises ou projetées; et revue critique du volume des *Petits géographes grecs* avec notes et prolégomènes de M. Charles Müller, compris dans la Bibliothèque des auteurs grecs de M. Ambroise Firmin Didot. Paris, Arthus Bertrand, 1856. (Extrait des *Nouvelles annales des voyages*, mars, avril et mai 1856).

Considérations géographiques sur l'histoire du Brésil. Examen critique d'une nouvelle histoire générale du Brésil récemment publiée en portugais, à Madrid, par M. François-Adolphe de Varnhagen, chargé d'affaires du Brésil en Espagne, rapport fait à la Société de Géographie de Paris dans ses séances des 1er mai, 15 mai et 5 juin 1857. (Extrait du *Bull. de la Soc. de Géogr.,* août, septembre et octobre 1857).

Anciens témoignages relatifs à la boussole. (Extrait du *Bull. de la Soc. de Géogr.*, mars 1858).

Les voyages d'Améric Vespuce au compte de l'Espagne et les mesures itinéraires employées par les marins Espagnols et Portugais des xve et xvie siècles pour faire suite aux considérations géographiques sur l'histoire du Brésil. Revue critique de deux opuscules intitulés : I. Vespuce et son premier voyage; II. Examen de quelques points de l'histoire géographique du Brésil. Communication à la Société de Géographie de Paris dans sa séance du 16 juillet 1868. (Extrait du *Bull. de la Soc. de Géogr.*, septembre et octobre 1858).

Le Ravennate et son exposé cosmographique; revue de tous les travaux dont il a été l'objet, restitution de la mappemonde et appréciation des sources où il a puisé. (Lu à la *Société de Géographie de Paris* en janvier 1859). Ouvrage ci-après.

L'expédition génoise des frères Vivaldi à la découverte de la route maritime des Indes orientales au xiiie siècle. Lettre au rédacteur des *Nouvelles annales des voyages* à l'occasion d'un récent mémoire de M. Georges-Henri Pertz à ce sujet. (Extrait des *Nouvelles annales des voyages*, septembre 1859).

Aperçus historiques sur la boussole et ses applications à l'étude des phénomènes du magnétisme terrestre. (Extrait du *Bulletin de la Société de Géographie*, avril 1860).

Etude historique sur la variation séculaire de la déclinaison de l'aiguille aimantée. (Lue à la *Société de Géographie de Paris* dans les mois de juillet, août 1860 et mars 1861). — Inédite.

Note sur la mappemonde historiée de la cathédrale de Héréford, détermination de sa date et de ses sources; esquisse résumée d'une étude complète de ce monument géographique, lue à la Société de Géographie de Paris dans sa séance publique du 30 novembre 1861. (Extrait du *Bull. de la Soc. de Géogr.*, nov. 1861). Ouvrage traduit en anglais dans le *Gentleman's Magazine* de mai 1863.

Sur un globe terrestre trouvé à Laon, antérieur à la découverte de l'Amérique; note lue à la Société de Géographie dans sa séance publique du 21 décembre 1860. (Extrait du *Bull. de la Soc. de Géogr.*, novembre et décembre 1860).

Etude sur la mappemonde historiée de Haldingham et de Lafford, aujourd'hui conservée dans la salle des séances du chapitre cathédral de Saint-Ethelbert de Hereford, en Angleterre; revue générale des notices, mentions, extraits et copies qui en ont été successivement faites; relevé complet des notions géographiques qu'elle constate; détermination de ses sources et de sa date. (Lue à la Soc. de Géogr. de Paris dans les mois d'avril et mai 1856 et novembre 1861). — Inédit. — Cet important manuscrit doit être entre les mains de Mme Valentine Defrémery, fille de M. d'Avezac.

Coup d'œil historique sur la projection des cartes de géographie, notice lue à la Société de Géographie de Paris dans la séance publique du 19 décembre 1862. (Extrait du *Bulletin de la Société de Géographie*, avril, mai et juin 1863).

Notice nécrologique sur Edme-François Jomard. (*Bull. de la Soc. de Géogr.*, septembre 1862).

Restitution de deux passages du texte grec de la Géographie de Ptolémée, aux chapitres v et vi du septième livre. (Extrait du *Bull. de la Soc. de Géogr.*, 1862).

Le planisphère de Claude Ptolémée : notice des manuscrits et des éditions imprimées de ce livre; recherches sur l'auteur primitif et les traducteurs. (Lu à l'Académie des Inscriptions et Belles-Lettres dans les séances des 6 et 13 novembre 1863). — Inédit.

Brève et succinte introduction historique (servant de préface à la relation originale de Jacques Cartier, réimpression figurée de l'édition rarissime de 1545, avec les variantes des manuscrits de la Bibliothèque impériale, petit in-8o. Paris, Tross, 1863).

En 1863, on ne connaissait qu'un seul exemplaire du *Brief recit* de Jacques Cartier et il appartient au *Musée Britannique*. C'est sur cet exemplaire que M. d'Avezac a préparé l'édition publiée par Tross. En 1877, un exemplaire de ce rarissime opuscule a été découvert dans la bibliothèque de Rouen. J'ai eu l'honneur de le présenter à la Société de Géographie de Paris, dans sa séance du 21 février de la même année, et d'en faire une description (*Bull.* de mars 1877, pp. 323 et seq.).

Notice sur la vie et les travaux du lieutenant-général Albert de la Marmora et du contre-amiral John Washington, correspondants étrangers de la Société de Géographie de Paris, lue dans la séance du 18 décembre 1862. (Extrait du *Bull. de la Soc. de Géogr.*, janvier 1864).

Essai de restitution, par la ponctuation seule, d'un texte controversé de Seylan, relatif à Tripoli de Phénicie. (Préparé en 1861, conservé en portefeuille et compris dans une lettre particulière à M. Poulain de Bossay, du 20 mars 1865).

Note sur une mappemonde turke du XVIe siècle, conservée à la bibliothèque de Saint-Marc, à Venise, avec une petite esquisse figurative de ce monument xylographique, lu à l'Académie des Inscriptions et Belles-Lettres de l'Institut et à la Société de Géographie en novembre 1865. (Extrait du *Bull. de la Soc. de Géogr.*, décembre 1865-1866).

Discours prononcé aux funérailles de Joseph-Toussaint Reinaud, de l'Institut, au nom de la Société de Géographie. (Publication de l'Institut de France, reproduite dans le *Bull. de la Soc. de Géogr.*, juin 1867).

Inventaire et classement raisonné des *Monuments de la Géographie*, publiés par M. Jomard, de 1842 à 1862. (Extrait des *Comptes-rendus des séances de l'Académie des Inscriptions et Belles-Lettres*, séance du 30 août 1867).

Martin Hylacomylus Waltzemüller, ses ouvrages et ses collaborateurs, voyage d'exploration et de découvertes à travers quelques épîtres dédicatoires, préfaces et opuscules en prose et en vers du commencement du XVIe siècle : notes, causeries et digressions bibliographiques et autres, par un géographe bibliophile. (Extrait des *Annales des voyages*, 1866. Paris, Challamel aîné, 1867).

Observations sur un chapitre des œuvres de Gerbert, publié pour la première fois par M. Olléris; communiquées à l'Académie des Inscriptions et Belles-Lettres. (Extrait des *Comptes-rendus des séances*, 1868).

Campagne du navire l'*Espoir*, de Honfleur, 1503-1505. — Relation authentique du voyage du capitaine de Gonneville ès nouvelles terres des Indes, publiée intégralement pour la première fois avec une introduction et des éclaircissements (Extrait des *Annales des voyages*, juin et juillet 1863. Paris, Challamel aîné, 1869).

Discours prononcé aux obsèques de Jean-Bernard-Marie-Alexandre Dezos de la Roquette, président honoraire de la Société de Géographie. (*Bull. de la Soc. de Géogr.*, août 1869).

Origine des Basques de France et d'Espagne, par D.-E. Garat. (*Revue critique*, 13 novembre 1869).

Les navigations terre-neuviennes de Jean et Sébastien Cabot. Lettre au révérend Léonard Woods, lue en communication à la séance trimestrielle des cinq académies de l'Institut de France, le 6 octobre 1869. Traduite en anglais dans la *Documentary History of the state of Maine*, vol. 1, in-8°. Portland, 1869. (Extrait des *Comptes-rendus de l'Académie des Inscriptions*, 1869).

Examen critique d'un ouvrage intitulé : *The remarkable Life adventures, discoveries of Sebastian Cabot, of Bristol the founder of Great Britain maritime power, etc., by J.-F. Nicholls, city librarian Bristol.* (Extrait de la *Revue critique*, avril 1870).

Une digression géographique à propos d'un beau manuscrit à figures de la bibliothèque d'Altamira. — La mappemonde du VIIIe siècle de Saint-Béat de Liébana. (Extrait des *Annales des voyages*, juin 1870).

Examen critique d'un livre intitulé : *Etude sur l'origine des Basques*, par Jean-François Ostade. (Extrait de la *Revue critique*, 1870).

Encore un monument géographique parmi les manuscrits de la bibliothèque d'Altamira. — Atlas hydrographique de 1511 du Génois Vesconte de Maggiolo. (Extrait des *Annales des voyages*, juillet 1870).

Allocution à la Société de Géographie de Paris, à l'ouverture de la séance de rentrée après les vacances, le vendredi 20 octobre 1871. (*Aperçu général des travaux du Congrès géographique d'Anvers.* — Extrait du *Bulletin de la Société de Géographie*, janvier 1872).

Au sujet d'un nouvel écrit du père Bertelli relatif à la lettre sur l'aimant de Pierre Pélerin, présenté à l'Académie des Sciences par M. Chasles. (Observations préparées pour une communication à l'Académie des Sciences, avril 1872). — Inédit.

Deux bluettes étymologiques en réponse à M. le comte H. de Charencey. (Extrait des *Actes de la Société philologique*, 1872).

Année véritable de la naissance de Christophe Colomb ou revue chronologique des principales époques de sa vie. Etude critique lue en communication à la séance trimestrielle des cinq académies de l'Institut de France, le 4 octobre 1871. (Extrait du *Bull. de la Soc. de Géogr.* de Paris, juillet-août 1872-1873).

Le livre de Ferdinand Colomb, revue critique des allégations proposées contre son authenticité, lue en communication à l'Académie des Inscriptions et Belles-Lettres dans ses séances des 8, 13 et 22 août 1873. (Extrait du *Bull. de la Soc. de Géogr. de Paris,* octobre 1873). — 1873.

Aperçus historiques sur la *Rose des vents,* lettre à M. Henri Narducci, bibliothécaire de l'Université royale de Rome, dernier éditeur de la *Sfera* de Goro Dati (dans le *Bolletino della Società geographica italiana,* 1874, cahiers 5, 6 et 7. Rome, imprimerie Joseph Civelli, Foro Trajano, 87, 1874).

Diverses communications, notes et notices éparses dans divers recueils, tels que : le *Bulletin de la Société de Géographie,* les *Nouvelles annales des voyages,* les *Annales maritimes et coloniales,* les *Nouvelles annales de la marine et des colonies,* la *Revue africaine,* etc.

LE RAVENNATE

Et son exposé de cosmographie; revue de tous les travaux dont il a été l'objet; restitution de la mappemonde et appréciation des sources où il a puisé.

PAR M. D'AVEZAC

I

LE RAVENNATE ET SON EXPOSÉ DE COSMOGRAPHIE; REVUE DE TOUS LES TRAVAUX DONT IL A ÉTÉ L'OBJET

Si l'on en voulait croire un malin critique d'outre-Rhin, ce serait une pratique fort répandue, parmi les écrivains de notre temps, que de citer à l'aventure des auteurs qu'ils n'ont jamais lus. Pareille chose n'aurait pu être dite des érudits d'autrefois, ces savants en *us* des XVIe et XVIIe siècles, qui prenaient soin de constater matériellement, par des extraits textuels semés à profusion dans leurs écrits, la lecture effective des auteurs anciens et modernes, imprimés ou manuscrits, dont ils invoquaient ou récusaient le témoignage. On dédaigne aujourd'hui cette monnaie d'irréprochable aloi : on veut des richesses d'une circulation plus facile, dont on fasse montre plutôt que preuve ; et la république des lettres elle-même laisse prendre cours chez elle aux périlleuses fictions du crédit.

Nous avouons sans hésiter notre préférence pour les traditions surannées de l'érudition sincère d'autrefois, attentive à recueillir, sur chacun des sujets où elle portait son investigation, ces *testimonia veterum*, souvent simples lambeaux ramassés de toutes parts, reçus de toutes mains, arrivés par toutes voies, désormais rassemblés en un seul faisceau, d'une manière si commode pour les lecteurs à venir, dans les vieilles éditions des anciens auteurs. Aussi regardons-nous, en toute étude, comme un préliminaire sinon absolument indispensable dans tous les cas, au moins toujours essentiellement utile, une revue générale des *précédents* du sujet qu'il s'agit d'aborder : les recueillir, d'ailleurs, les rappeler, c'est rendre un hommage pieux à la mémoire, trop souvent laissée en oubli, des pionniers qui consacrèrent leur labeur à ouvrir les routes aujourd'hui frayées.

Ayons souvenance d'eux, afin que nos successeurs à leur tour aient souvenance de nous.

C'est en outre, à nos yeux, remplir un devoir de convenance, dans cette utile recension des travaux antérieurs, que de mettre à la portée immédiate du lecteur, par une reproduction textuelle, autant que cela est possible, les passages peu étendus égarés dans des ouvrages ou des collections où il lui serait souvent fastidieux, et quelquefois pénible de les aller chercher lui-même de nouveau.

Cette profession de foi n'est pas sans opportunité au moment de mettre sur le tapis un auteur à l'égard duquel nous ne possédons encore aucun de ces travaux d'ensemble auxquels il peut suffire de se référer comme à une introduction toute faite pour les élucubrations ultérieures à entreprendre ou à exposer.

Le célèbre Hugues de Groot (inscrit sous le nom de Grotius dans la docte caterve des savants en *us*) avait laissé à sa mort, arrivée en 1645, un corps d'histoire des Goths, des Vandales et des Lombards, dont il ne parut que dix ans plus tard, à Amsterdam, une édition posthume; or, dans les prolégomènes de ladite histoire il est question à trois reprises d'un ancien ouvrage chorographique inédit, où il était parlé de deux grandes populations finnoises, de l'île Scandinave, et des écrivains Goths, Jordanes, Marcomir, Athanarid et Eldevald.

Isaac Vossius à son tour, dans ses Observations sur la Géographie de Méla, publiées en 1658, citait en six endroits ce vieil auteur inédit, qu'il désignait sous le titre de Géographe Ravennate anonyme, et dont il signalait les fréquentes concordances avec la table Peutingérienne.

Le bénédictin Placide Porcheron [1], bibliothécaire de l'abbaye de Saint-Germain-des-Prés, adjoint au savant Mabillon pour la rédaction du catalogue des manuscrits

[1] Placide Porcheron, né en 1652, mort le 14 février 1694.

latins de la bibliothèque du Roi, donna pour la première fois au public une édition entière de ce livre, d'après le manuscrit royal de 1431 (aujourd'hui classé sous le n° 4794), que le P. Philippe Labbe, jésuite, avait déjà désigné en 1653 dans sa *Bibliotheca nova manuscriptorum* pour la *Descriptio regionum totius orbis* qui y est contenue. C'est exclusivement sur ce manuscrit, formant un volume in-folio sur parchemin, d'une écriture supposée alors du XIIIe siècle, estimée aujourd'hui du XIVe ou du XVe siècle, que Porcheron fit son édition publiée en 1688, dans le format in-octavo, sous ce titre : *Anonymi Ravennatis qui circa sæculum VII vixit, De Geographia libri quinque.*

Les citations antérieures de Grotius et de Vossius lui avaient donné lieu d'espérer qu'il serait possible de trouver dans un second manuscrit d'utiles variantes pour l'amélioration de ce texte barbare; mais ses démarches pour en avoir communication demeurèrent sans effet; et les recherches tentées à sa prière pour le même objet, dans les bibliothèques d'Italie, par les bénédictins Mabillon et Germain, restèrent pareillement sans résultat.

Cependant, quel que fût d'ailleurs le plus ou moins de mérite des manuscrits ainsi vainement cherchés alors, il en pouvait réellement être découvert de l'une et de l'autre part, dont l'existence devait être ultérieurement bien constatée.

L'exemplaire de Grotius et de Vossius, formant un volume in-4°, écrit sur papier par une main du XVIe ou du commencement du XVIIe sècle, porté au Catalogue de Van der Aa, sous le n° 65 des Manuscrits achetés à la mort de Vossius par l'Université de Leyde [1], et qu'on sait aujourd'hui n'être qu'une copie fidèle du manuscrit de Paris, servit à Jacques Gronov pour donner en 1696 un texte plus scrupuleusement complet, compris dans les annexes dont il orna son édition de la Géographie de Pomponius Méla. Son fils Abraham le reproduisit à son tour, à la même place, dans la nouvelle édition de Méla qu'il publiait en 1722, sans tenir aucun compte et sans paraître même avoir eu connaissance d'un autre moyen de collation que la munificence de Hudson avait procuré au monde savant.

Grâce au concours du P. Laurent-Alexandre Zaccagni, conservateur de la Bibliothèque Pontificale [2], Jean Hudson avait été mis à portée de faire transcrire à ses frais un ancien manuscrit du même ouvrage conservé dans le riche dépôt du Vatican, sous le n° 678 (aujourd'hui 961) de la Bibliothèque Urbinate; et il avait communiqué cette copie au célèbre Thomas Gale, pour en faire usage dans l'édition qu'il préparait de l'*Iter Britanniarum commen-*

1 *Catalogus librorum tam impressorum quam manuscriptorum Bibliothecæ publicæ Universitatis Lugdunobatavæ.* Leide, sumptibus P. Van der Aa, f° 1716. Q. 84.

Manuscripti Bibliothecæ Vossianæ pretio emptæ (pp. 358-403).

Mss. latini præcipue rem historicam an literariam continentes, in-4° (pp. 376-385).

P. 381. *Anonymi Gothi Ravennatis Geographia integra.* In charta, 65.

2 *Biogr. Univ.*, ZACAGNI ou ZACCAGNI (Laurent-Alexandre), conservateur de la Bibliothèque du Vatican, mort à Rome le 17 janvier 1712.

tariis illustratum; mais celui-ci, surpris par la mort en 1702, n'ayant pu mettre la dernière main à son travail, ce fut en 1709 seulement que Roger Gale publia l'œuvre de son père, à laquelle il joignit un appendice de 11 pages in-4°, sous ce titre spécial : *Anonymi Ravennatis Britanniæ Chorographia, cum autographo regis Galliæ manuscripto et codice Vaticano collata*[1].

[1] *Anonymi Ravennatis Britanniæ chorographia cum autographo Regis Galliæ manuscripto, et Codice Vaticano collata; adjiciuntur conjecturæ plurimæ cum nonnullis locorum anglicis nominibus quotquot iis assignari potuerint.* Londini, 1709, in-4° (Maz. 1759); 11 pages à la suite de :

Antonini iter Britanniarum commentariis illustratum Thomæ Gale. — Opus posthumum revisit, auxit, edidit R. GALE. — Accessit *Anonymi Ravennatis* (etc. ut supra).

P. vij. Nemo omnium operam suam nobis dedit adeo frequens ac Anonymus quidam Geographus Ravennas : ille autem paucorum in manibus teritur (p. viij) et mendose admodum prodit. Quamobrem non abs re fore putavi chorographiam ejus Britannicam de novo typis mandare, atque eo magis quo collationes quas magnis suis sumptibus e Bibliotheca Vaticana comparaverat, obtulit nobis et literariæ reipublicæ amicissimus idem D. Hudsonus. Has adjeci una cum tot locorum nominibus hodiernis, quot iis aliqua ratione assignari potuerint : cum nonnullis etiam conjecturis et emendationibus quas exemplari Parentis mei appositas inveni. Habes et variantes quasdam lectiones, ex autographo Gallico, a doctissimo, dum in vivis fuit, D. Picques, doctore Sorbonico, communicatas ; et hæc omnia eo ordine, lector, disposui, ut tuo oculo uno eodemque intuitu subjiciantur. Addidi insuper in margine numeros qui in editione Parisiensi (qua usi sumus) paginas distinguunt, et quorum ope loco quæ in Commentariis in Antoninum laudantur, facillime etiam in Ravennate nostro investigare possis.

La totalité des variantes fournies par la copie du Vatican collationnée sur l'édition de Porcheron, recueillies et imprimées par les soins de Hudson en un cahier de 22 pages in-8° compactes, furent comprises sous le n° 6 dans le troisième volume, publié à Oxford en 1712, de son précieux recueil des *Geographiæ veteris scriptores græci minores* [1]. Cette publication était sans doute restée ignorée du P. Ginanni, lorsqu'en 1769 il signalait, avec une légère nuance d'incertitude, le manuscrit 961 de la Bibliothèque Urbinate au Vatican, comme méritant d'être examiné [2]. Une recension nouvelle de ce même manuscrit, faite à Rome par Gustave Parthey, a été communiquée à Théodore Mommsen pour en faire usage dans l'étude approfondie qu'il avait entreprise de ce document barbare.

D'un autre côté, Bernard de Montfaucon avait rassemblé en 1701, dans sa visite des Bibliothèques et des Archives de l'Italie, des catalogues plus ou moins étendus des richesses manuscrites renfermées dans ces précieuses collections : celui de la Bibliothèque Ambrosienne de

[1] *Geographiæ veteris scriptores Græci minores*, vol. III, in-8°, Oxoniæ, 1712.

Art. 6. Variæ lectiones in Anonymum Ravennatem (Edit. Paris, anno 1688), ex Codice Urbinate Vaticanæ Bibliothecæ signato, n° 678.

[2] *Memorie Storico-critiche degli scrittori Ravennati*, del REVERENDISS. PADRE D. PIETRO PAOLO GINANNI abate casinense nel monasterio di S. Giuliano di Rimino. Faenza, 1769, 2 vol. in-4° (K 452 B 1-2), t. I, p. 434.

Milan y signalait l'existence d'un exemplaire de la *Ravennatis Cosmographia*[1], que, d'après ses indications, le savant Astruc mentionnait en 1737, deux ans entiers avant que le docte bénédictin eût mis au jour lui-même sa *Bibliotheca Bibliothecarum*, où se trouve inscrit cet ouvrage.

Ni Astruc, ni Montfaucon ne laissent percer le moindre doute sur le contenu du manuscrit Ambrosien ainsi désigné; quelque hésitation cependant nous avait semblé prudente jusqu'à plus ample vérification, en rapprochant de ce simple énoncé, d'autres indices consignés par Muratori, le propre conservateur de la Bibliothèque de Milan, dans une note à son édition d'Ermoldus Nigellus, publiée en 1726 dans sa grande collection : il cite en effet un manuscrit Ambrosien qui contient, dit-il, sous le nom exprès de *Gui de Ravenne*, des fragments de cosmographie conformes en beaucoup de points à ce qu'on trouve dans l'Anonyme édité par Porcheron, mais aussi d'autres parties tout à fait différentes[2], en sorte que nous avons

1 *Diarium Italicum sive Monumentorum veterum, Bibliothecarum, Musæorum*, etc. Notitiæ singulares in Itinerario Italico collectæ, a R. P. D. Bernardo de Montfaucon. Paris, 1702, in-4° (Z ancien, 626 + 1).

2 *Rerum Italicarum scriptores ab anno æræ chr. 500 ad 1500...* Lud. Ant. Muratorius..... collegit, ordinavit et præfationibus auxit. Milan, 1726. Ermoldi Nigelli abbatis ut videtur Anianensis et auctoris synchroni *De rebus gestis Ludovici pii Augusti ab anno 781 usque ad annum 826* carmen elegiacum.... accedunt ntoæ Lud. Ant. Muratorii (pp. 1 à 80).

été induit à soupçonner que le manuscrit désigné par Muratori pouvait être un exemplaire de la compilation dont il existe à Bruxelles un manuscrit fort connu sous le titre de *liber Guidonis*, et qui tient une grande place dans la question d'histoire littéraire qui s'agite autour de la personne, de l'âge et de l'œuvre du Géographe Ravennate. Le manuscrit inventorié par Montfaucon est-il le même que celui dont a parlé Muratori ? ou bien peut-on se flatter de retrouver à Milan deux textes distincts, l'un

(Coll. 61 et 62). Ermoldi Nigelli incipit liber quartus.

Vers 17 et 18 :

« Pulcher adest facie vultuque statuque decorus
» Unde genus Francis (Nortmannorum videlicet populus) *(a)* adfore fama *(b)* refert. »

(a) Clarissimus Leibnitius Dissertationem edidit *de Origine Francorum*...... Contendit ibi Leibnitius, Francos originem duxisse ex Normannorum patria quæ est Dania ab antiquis appellata, eosque olim trans Albim fluvium consedisse, hæc verba mutuatus ab *Anonymo Ravennate*, quem edidere Porcheronius et Gronovius. Verum non ea fortassis est Anonymi illius antiquitas, quam sibi Leibnitius persuasit ; et exquirendum restat num is plane sit *Guido Ravennas*, ex cujus Cosmographia libris excerpta ego olim legebam in manuscripto Codice Bibliothecæ Ambrosianæ, ubi ejus nomen aperte ponitur, alioquin antea Raphaeli Volaterrano notum. Nil ego hic affirmare ausim; nam ex iis excerptis, parum alioqui castigatis, multa occurrunt in Anonymo Ravennate, alia vero illic minime reperio, qualia...

(b) Non una Anonymi Ravennatis auctoritate usus est supra laudatus Leibnitius, ut antiquas Francorum sedes apud Balticum fretum statueret, sed etiam Poetæ nostri, quem *nondum editum*, in Cæsarea Vindobonensi Bibliotheca viderat.

du *liber Guidonis*, l'autre de la Cosmographie anonyme de Porcheron ? Des vérifications à ce sujet ont été demandées par l'obligeante entremise du R. P. de Montézon, et l'éclaircissement obtenu a mis fin à nos incertitudes. Le Directeur de la Bibliothèque Ambrosienne, M. le Chanoine Louis Biraghi, a bien voulu constater qu'il n'existe dans ce riche dépôt aucun autre volume auquel puisse être appliquée l'indication de Montfaucon, si ce n'est le manuscrit *K. 104. supp.* sur papier, d'une écriture qui ne semble pas remonter plus haut que la fin du XVIe siècle, intitulé : *Sumpta ex libris Cosmographi Guidonis Ravennatis*, et qui est précisément celui dont a parlé Muratori : ce n'est réellement qu'un extrait du *liber Guidonis*, contenant seulement le prologue et la description de l'Italie.

Les mêmes hésitations ne pouvaient se produire à l'égard d'un manuscrit de la Bibliothèque de Bâle qui avait été signalé par le savant abbé Marini dans une lettre au comte François Ginanni de Ravenne, avec assez de précision pour constater que c'est bien une copie malheureusement incomplète de la Cosmographie Anonyme, bien que l'inhabile déchiffrement d'une abréviation lui ait appliqué le nom fantastique de *Ligydiota* pour en désigner l'auteur sur le titre dont elle est ornée, dénomination que nous retrouvons, plus corrompue encore, sous la forme *Ligydiata*, dans le Catalogue de Hœnel, qui nous révèle que ce volume est inscrit à l'inventaire sous l'estampille F. v. 6. L'exemplaire est acéphale, et commence seulement à un endroit où il est traité *de Patriâ*

Ethiopum quæ dicitur Auxumitana et Candacis [1]. Nous devons à l'obligeance du Bibliothécaire de Bâle, le docte François-Dorothée Gerlach, quelques lumières plus précises sur ce manuscrit, composé de 23 feuillets petit in-fol°, d'une écriture semi-gothique du XVe siècle, sur papier; les premières lignes, complaisamment transcrites à notre prière, constatent que le commencement répond précisément à celui du livre III de l'édition de Porcheron. Il sera, dans tous les cas, désirable que les variantes en soient recueillies pour une édition future.

Théodore Mommsen, en outre, a remarqué dans une vague et fugitive indication perdue au milieu de l'œuvre érudite de Gaspard Zeuss sur *les Allemands et leurs voisins*, publiée en 1837, une mention de l'existence, à Vienne d'Autriche, d'un fragment manuscrit du Géographe de Ravenne; mais il aurait voulu sur ce point une désignation plus précise. Le catalogue d'Endlicher peut nous la fournir; car on y trouve décrit, sous le n° 333, un recueil manuscrit sur papier, du XVe siècle, contenant, au milieu d'extraits empruntés à Isidore de Séville, divers chapitres déterminés de l'Anonyme [2].

[1] *Catalogi librorum manuscriptorum qui in Bibliothecis Galliæ, Helvetiæ, Belgii, Britanniæ, Hispaniæ, Lusitaniæ asservantur, nunc primum editi a* D. GUSTAVO HÆNEL. Leipzig, 1830, in-4°.

Helvetia, Basel (MONTFAUCON, *Bibl.* tom. I, pp. 607-615).

P. 534. F. v. 6. Ligydiatæ (?) de Ravenna (?) Cosmographia.

[2] *Catalogus codicum philologicorum latinorum bibliothecæ palatinæ Vindobonensis.* Digessit STEPHANUS ENDLICHER (in-8° de colombier). Vienne, 1836.

Enfin George-Henri Pertz, ou plutôt sous son égide le docteur George Waitz, a signalé en 1839 une autre copie manuscrite du Ravennate, mais d'une époque récente, dans la Bibliothèque royale de Copenhague : le titre même révèle suffisamment à lui seul une date postérieure à l'édition de Porcheron, puisqu'il rappelle la division en cinq livres, qui est du fait de ce premier éditeur [1].

Nous n'osons mettre ici en ligne de compte un manuscrit que Jean-Pierre Eckermann a mentionné comme découvert en Belgique par Œhler, parce que, dans notre pensée, il s'agit peut-être d'un recueil autre que la Cosmographie du Ravennate, c'est à savoir, du *Liber Guidonis* dont nous avons déjà parlé et sur lequel nous aurons à revenir d'une manière toute spéciale.

Ainsi, en résumé, l'on possède aujourd'hui, du texte

IV. Antonii Augusti de Divisione Orbis.

Continentur hoc titulo : Isidori Hispalensis Isagog. XIV. 2. 5.

Anonymi Ravennatis Geographi. II, 20, 21 ; III, 51 ; IV, 11-13, 46, et iterum Isidori. XIII, 16, 17.

[1] G. H. Pertz, *Archiv der Gesellschaft für ältere deutsche Geschichtskunde*, tome VIII ; in-8o (Hanover, 1839).

Annuaire de la Bibliothèque de Bruxelles, 1844-1851, in-8o.

V. Hernn D. Waitz, p. 160. Kopenhagen Königlich. Bibl. — In-4o no) 358. Anonymi Ravennatis Geogr. libri V. — (No) 6. Paris, no 4794. Membr. sec. XV, Geographus Ravennas; die bei Bouquet, I, 119, abgedruckte Stelle ist verglichen. Leider ist dieses eine sehr schlechte und unverständige Handschrift, und keine andere desselben Werkes bekannt. In Leyden (S. 137) und Kopenhagen (S. 160) finden sich nur neue Abschriften.

de la Cosmographie du Ravennate, trois manuscrits plus ou moins anciens, à Paris, à Rome et à Bâle; plus des fragments à Vienne; plus encore, les extraits insérés dans le *Liber Guidonis* et dont il y aurait dès lors intérêt à relever les variantes dans les deux manuscrits de cette compilation conservés à Bruxelles et à Milan. Mais les copies modernes de Leyde et de Copenhague, aussi bien que celle que Zaccagni fit faire à Rome pour Hudson et qui doit se trouver en Angleterre, n'ont au contraire aucun mérite propre dont il y ait lieu de s'embarrasser.

Porcheron ne s'était pas borné, comme le firent ensuite les Gronov, à publier simplement le texte de son auteur ; il l'avait accompagné d'un commentaire qu'on peut sans doute trouver insuffisant, et qui aurait besoin, dans son ensemble et ses détails, d'une révision complète analogue aux échantillons partiels que nous ont donnés Heumann au point de vue de l'épuration grammaticale [1], Frisch sous le rapport de l'interprétation des mots barbares, Lelewel en ce qui concerne la disposition relative des contrées terrestres suivant les régions horaires; et quant à l'application des synonymies géographiques, Gale pour l'Angleterre, Gatterer pour les plages septen-

1 Christophori Augusti Heumanni, *Pœcile sive Epistolæ Miscellaneæ ad literatissimos ævi nostri viros.* Halle, 1722 et suiv. (Z. Falc., 12470, in-8o).

Tome I, lib. II, Halle, 1723.

IV. Epistola qua emendatur prooemium Pomp. Melæ et Geographi Ravennatis (pp. 213 à 217).

trionales, Bœrsch pour la France Rhénane [1], Mommsen pour la Basse-Italie [2], Astruc, Lejean, Alfred Jacobs pour la Gaule, et en dernier lieu Gustave Parthey pour l'Egypte; sans négliger les indications éparses, quelquefois nombreuses, à recueillir dans les écrits de Ruinart, de Beretta, de Grupen, de Croll, de Wenck, de Schmidt, de Katanesich, de Zeuss, et de bien d'autres; telle en un mot que nous avons droit de l'espérer dans le nouveau volume des Petits Géographes de la collection de Firmin Didot, que prépare Charles Müller avec cet admirable assemblage d'érudition et de sagacité dont il a déjà mis en nos mains d'irrécusables preuves.

Mais c'était déjà un travail utile que la première étude du Bénédictin sur ce livre étrange. Il en avait d'abord tiré l'indication expresse de la patrie de l'auteur, et, sans méconnaître certaines particularités idiomatiques où Du Cange croyait trouver l'indice d'une nationalité lom-

[1] *De l'étude des Antiquités du Moyen-Age avec l'explication de quelques noms de fleuves de la France Rhénane dans l'Anonyme de Ravenne,* par le docteur Frédéric Börsch, Marbourg, 19 septembre 1820.

[2] *Berichte über die Verhandlungen der Königlich-sächsischen Gesellschaft der Wissenschaften* zu Leipzig. *Philologisch-historische Classe.* Dritter Band, 1851. Leipzig, in-8°.

« Derselbe (Mommsen) über die Unteritalien betreffenden Abschnitte der ravennatischen Cosmographie (S. 80-117). »

1. Die unteritalischen Strassenzüge der Kosmographie, pp. 81-96
2. Die Karte des Kosmographen, pp. 96-103.
3. Andere Kunde des Kosmographen, pp. 104-109.
4. Entstehung der Kosmographie, pp. 109-117.

barde[1], il les considérait, aussi bien que les hellénismes qui auraient pu autoriser le soupçon d'une nationalité grecque, comme un simple résultat de la fréquentation des Grecs et des Lombards établis à Ravenne. La citation répétée et l'aveugle respect des Saintes Ecritures lui paraissaient déceler l'engagement de l'auteur dans les ordres sacrés. Il avait ensuite relevé quelques données sur l'âge auquel il convenait de rapporter la compilation du livre, lequel, bien que rédigé sur des documents qui accusent une date plus ancienne, ne pouvait être rapporté plus haut que le VIIe siècle, puisqu'on y trouve la citation expresse d'Isidore de Séville, mort en 636. L'éditeur avait aussi passé en revue les autorités alléguées par le compilateur, au nombre d'environ quarante, dont plus de moitié sont totalement inconnues par ailleurs, outre que parmi les auteurs connus plusieurs sont cités pour des écrits qui paraissent n'être point parvenus jusqu'à nous ; les citations étant exactes pour le surplus.

Mais ce que Porcheron a surtout, et avec raison, fait remarquer, c'est la liaison intime des nomenclatures géographiques accumulées dans le livre du Ravennate avec les Itinéraires romains et particulièrement avec la Table Peutingérienne ; de telle sorte que la majeure partie en serait empruntée à des cartes analogues, auxquelles il faudrait rattacher comme désignation des rédacteurs, quelques-uns des noms d'auteurs invoqués par le compi-

[1] Du Cange, *Glossarium ad scriptores mediæ et infimæ græcitatis, cum appendice*. Lyon, 1688, 2 vol. in-f°.

lateur lombard, notamment celui du romain Castorius, qui se trouve le plus souvent allégué à l'occasion de ces nomenclatures.

Jacques Gronov eut le tort de ne pas reconnaître les services rendus par le P. Porcheron dans le travail de publication et d'annotation première de cette Cosmographie barbare, ainsi offerte à l'étude des érudits après un dégrossissement préparatoire et avec la clef véritable au moyen de laquelle on pouvait acquérir une intelligence plus complète des détails de nomenclature qui y sont accumulés. C'est un mérite que d'éveiller l'attention et la controverse sur des questions nouvelles, et les assertions hasardées ont leur prix, à raison des contradictions qu'elles provoquent et des discussions critiques qu'elles amènent.

La publication de ce texte ouvrait à l'investigation une mine jusqu'alors inexploitée, où l'ouvrier habile saurait reconnaître, au milieu de leur gangue sordide, les éléments précieux qui s'y trouvaient engagés.

Le grand Leibnitz, qui dès 1707 en avait fait entrer quelques extraits dans sa collection des Historiens de Brunswic, ne dédaigna pas d'invoquer au premier rang, dans un traité spécial de l'Origine des Francs, qu'il fit paraître à Hanovre en 1710, l'autorité du Géographe Ravennate, ainsi introduit à une place d'honneur dans une polémique savante, où l'on vit bientôt entrer, comme contradicteurs, Nicolas-Jérôme Gundling, à Halle, et le P. Tournemine, à Trévoux [1]. Leibnitz fit à chacun d'eux

[1] *Mémoires pour l'histoire des Sciences et des Beaux-Arts re-*

une réponse, qui fut suivie d'une réplique de Gundling [1]. La mort de l'illustre écrivain ne mit pas entièrement fin à cette discussion, où le Ravennate avait joué un rôle si important : l'ami de Leibnitz, Jean-George Eckhardt, reproduisit à la suite de son édition de la loi Salique, le

cueillis par l'ordre de S. A. S. Mgr. le prince souverain de Dombes. Janvier, 1716. De l'imprimerie de S. A. S. à Trévoux, in-12.

Art. 1. — *De Origine Francorum disquisitio,* par GODEFROY-GUILLAUME, BARON DE LEIBNITZ, à Hanovre, chez Nicolas Forester, 1710, in-12, page 44 (pp. 1-10).

Art. 2. — *Réflexions du P. Tournemine, jésuite,* sur la dissertation de *M. de Leibnitz,* touchant l'origine des Français (pp. 10-15).

1 GUNDLINGIANA, *darinnen allerhand zur Jurisprudenz, Philosophie, Historie, Critic, Litteratur, und übrigen Gelehrsamkeit gehörige Sachen abgehandelt werden.*

Le premier volume contient sous une seule pagination (1-504) les cinq premiers cahiers, plus des tables générales communes.

Le deuxième volume contient sous une seule pagination (1-504) les cahiers 6 à 10, plus les tables.

Drittes Stück, 1715.

P. 234 : II. Gedanken über des Hernn Baron von Leibnitz Schrifft *De Origine Francorum,* welche a. 1715, in 3 Bogen bestehend zu Hannover, in-8, gedrucket werden, pp. 234-273.

Sechstes Stück, 1716.

P. 61 : IV. Des Hernn Baron von Leibnitz Antwort auf die wider seinen Tractat *De Origine Francorum* gethane Erinnerungen, pp. 61-87.

Neuntes Stück, 1716.

P. 291 : I. Replic auf die von dem Herrn von Leibnitz geschehene Antwort, *De Origine Francorum et legis Salicæ,* pp. 291-361.

traité de l'Origine des Francs, et la réponse au P. Tournemine, en y joignant ses propres observations à l'appui [1]; ce qui fut l'occasion d'une réplique du P. de Tournemine à Eckhardt en même temps qu'à Leibnitz [2]; et plus

[1] GODEFRIDI GUILIELMI LEIBNITII *De Origine Francorum disquisitio* curis posterioribus aucta, et annotatiunculis illustrata a Jo. GEORG. ECCARDO. — (A la suite de) Leges Francorum Salicæ et Ripuariorum opera et studio Jo. GEORGII ECCARDI. Francfort et Leipzig, 1720 (in-folo L. e 36).

Notes d'Eckhardt.

P. 250 (Pannonia). Ex anonym. Rav. discimus lib. IV, cap. 25...

P. 251 (Geographus Ravennas). Germanus hic natione fuit et fratri Odocaro librum suum dedicavit, ut ex lib. I cap. 13 patet. Barbaro quidem scribendi genere utitur, sed sua ex optimis et maximam partem, si Jordanem excipias, deperditis libris excerpsit, ut adeo magno nobis in pretio sit habendus. Accuratiorem illum orbis notitiam habuisse præterea hæc ejus sub finem libri I exstantia indicant : « .... ». Et ab initio ejusdem libri dicit se compellatum a fratre, ut per palladinas imagines vel delineationes nundum indicet, non quidem ut hoc præstet omnem se peragratum esse orbem ; attamen « multorum philosophorum relegisse libros..... descriptus sit ». Quæ etiam in medium profert, optime conveniunt cum aliis ejusdem ævi authoribus, ut vel Porcheroni annotationes patefaciunt. Quando igitur ejus authoritas rejicitur, contraria eidem sententia non conjecturis, sed validis argumentis confirmanda est. Nec nostris in rebus invenio quæ censurám mereantur nisi quod Daniam et Daciam subinde confudisse videatur.

P. 261 : God. Guil. Leibnitii Responsio ad ea quæ R. P. Tourneminius S. J. libello de Origine Francorum opposuerat, lingua gallica conscripto.

[2] Le *Journal des Sçavans* du Lundy 5 Janvier MDCCXXII, Paris, 1722, in-4o.

tard Jean-Léonard Frisch, en rappelant cette savante querelle, reprenait le passage tant discuté du Ravennate, pour tenter à son tour l'explication philologique des noms obscurs et mutilés contenus dans ce texte informe.

Dans tout cela, l'époque assignée par le premier éditeur à la compilation du Ravennate n'avait pas un instant été mise en question. Acceptée sans conteste dès l'origine par les critiques le plus en renom, le diplomatiste Thierri Ruinart, l'archéologue Philippe de la Forre[1], le géo-

Pages 14-16 : Lett. du *P. de Tournemine, Jésuite*, à M***, où il répond aux objections de M. de Leibnitz et à M. Eccard.

Si j'avais eu la nouvelle Edition des Loix saliques, j'aurais eu l'honneur de vous envoyer quelques remarques sur les réponses que M. de Leibnitz et M. Eccard ont faites aux réflexions que j'avais publiées dans les mémoires de Trévoux..... aussitôt que vous eûtes donné dans le *Journal de Paris*, du lundi 30 juin 1721, l'extrait impartial de ces réponses.

Le passage du Géographe anonyme de Ravenne n'est pas plus décisif en faveur de M. de Leibnitz. En vérité, c'est un misérable auteur ; j'ai néanmoins mieux aimé l'expliquer que le rejeter.

1 *Monumenta veteris Antii, hoc est inscriptio M. Aquilii et tabula Solis Mithræ....* accedunt *Dissertationes de Beleno et aliis quibusdam Aquileiensium Diis et de Colonia Forojuliensi*, auctore PHILIPPO A FURRE ex eadem civitate Forojulio, etc., Romæ, 1700 (4° J. 1119).

De Colonia Forojuliensi Dissertatio altera (pp. 322 à 382).

P. 374. Anonymus Ravennas, quem ante duodecim annos publici juris fecit Placidus Porcheron, e congregatione parisiensi S. Mauri, notisque illustravit, lib. IV, pp. 203 et 205 post Aquilejam reponit Forojulium. Scripsit hic auctor Geographiam suam a sexto ad septimum sæculum, ut conjicit illustris idem editor.

graphe Christophe Keller, le chronologiste Antoine Pagi [1], à la suite desquels nous pouvons nommer encore, parmi les célébrités de ce temps, Juste Fontanini [2], François Bianchini et Jean-Antoine Orsato [3], elle semblait consacrée en quelque sorte par une adhésion générale.

L'ancien récollet Remi Oudin [4], de Mézières, sous-bibliothécaire de Leyde, qui avait pris à son abjuration

1 *Critica historico-chronologica in universos Annales ecclesiasticos Em. et Rev. Cæsaris Cardinalis* studio et cura R. P. FRANCISCI PAGI. Anvers, 1705, 4 vol. in-fol. Tome II $\left(\text{H. } \frac{144}{2}\right)$. Anno Jesu Christi 534 (pp. 550-552). IV. Bellum Vandalicum hoc anno absolutum. Procopius, lib. II, de Bello Vandal., cap. V. His addo Geographum Anonymum Ravennatem qui circa sæculum VII vixit et nuper a Porcherono Benedicto doctissimo in lucem emissus est lib. I, num. III, tradere.....

2 JUSTI FONTANINI, *de Antiquitatibus Hortæ Coloniæ Etruscorum libri duo*. Rome, 1708, $\left(4^{o}\text{ K } \frac{411}{3}\right)$ Lib. I, cap. III, § V, pp. 64, 65.

Sicut vero in Oriente variæ erant Pentapoles, quas Geographi norunt, eodem pacto in Italia non una Pentapolis, ex posterioris ævi scriptoribus erui posse videtur. Ab Anonymo Ravennate, lib. IV Geographiæ (p. 199), Pentapolis ad mare Adriaticum memoratur, sed verbis tam barbare confusis ut crucem fixerint ejus editori Placido Porcheronio.

3 *Marmi eruditi ovvero Lettere sopra alcune antiche Inscrizioni*, opera postuma del conte SERTORIO ORSATO..... Padoue, in-4º (J. 1117). Colle Annotazioni del P. D. GIAN ANTONIO ORSATO, monaco Benedittino Casinense, Nepote dell' Autore. Annotazioni sopra la lettera settima (pp. 159 à 173).

4 CASIMIR OUDIN (REMI), de Mézières, prémontré, s'est fait protestant en 1690 ; mort en septembre 1717. Il était d'un caractère violent et haineux.

le nom de Casimir, fut le premier qui souleva expressément, bien que d'une manière incidente, des doutes sérieux sur l'âge présumé par Porcheron. A propos du Paradis Terrestre, l'écrivain barbare a cité dans ses premières pages, employées à une exposition générale de la situation des contrées de la terre, un livre apocryphe mis sous le nom de saint Athanase, et ce livre a fait le sujet d'une dissertation spéciale de Casimir Oudin, dans laquelle il établit que ce même ouvrage, où il est fait mention des Francs en Palestine, et qui est dès lors, à ses yeux, nécessairement postérieur aux premières croisades, n'a même dû être écrit qu'au commencement du XIVe siècle, sous le 76e patriarche d'Alexandrie, du nom d'Athanase, qui siégea de 1302 à 1309 ou 1310; un chapitre de cette dissertation fut expressément destiné à relever en conséquence l'erreur de Porcheron sur l'âge de son manuscrit et sur l'époque de la composition de l'ouvrage qui y est contenu.

Oudin revint encore sur le même sujet dans une dissertation ultérieure relative aux antiquités Constantinopolitaines de Banduri, et ici encore il consacra un chapitre presque entier à montrer que le Géographe Ravennate ne pouvait être antérieur au XIVe siècle.

Ces deux dissertations font partie d'une Triade, formant un volume in-8o publié à Leyde en 1717. Il fit réimprimer la dernière en entier dans le second volume de son traité des anciens écrivains ecclésiastiques, publié à Leipzig en 1722; quant à la précédente, il l'avait fondue en majeure partie dans l'article de saint Athanase, qui se trouve au premier volume [1].

[1] CASIMIRI OUDINI *Trias Dissertationum criticarum*. Leyde, 1717, in-8° (Bibl. Maz., 2757 A.).

Dissertatio secunda, de Quæstionibus ad Antiochum principem in Scripturam Sacram, quæ sub sancti Athanasii Alexandriæ Archiepiscopi nomine in operibus illius impressis omnibus circumferuntur (pp. 73 à 135).

CASIMIRI OUDINI. *Dissertatio de Collectaneo seu Collectione Antiquitatum Constantinopolitanarum Domini Anselmi Bandurii* (nouvelle pagination).

P. 52. Juxta itaque recti sensus regulas ante annum MCXL Anonymus Ravennatensis scribere non potuit.

P. 53. At Athanasius ille Alexandriæ Archiepiscopus quem allegat libro I, n° 6, adhuc longe recentior est sæculo XII..... ad ann. Christi 1252 et 1262..... unde Anonymus Rav..... neque esse potest sæculo XIV antiquior..... (54) Niceph. Greg. lib. VII, cap. I, Athanasii hujus meminit..... ab anno 1302 ad 1309 vel 1310.

CASIMIRI OUDINI. *Commentarius de Scriptoribus Ecclesiæ antiquis illorumque scriptis*. Leipzig, 1722, 3 vol. in-fol° Q. 16, 1-3.

Tome I. *Dissertatio de Operibus S. Athanasio attributis* (coll. 325 à 390). Col. 355 : XVII. Quæstiones ad Antiochum, ex vetere et novo testamento CXXXVI, et responsiones totidem. Col. 357 : XVIII. Dicta et interpretationes parabolarum Sancti Evangelii, cum aliis XX quæstionibus.

Tome II. Dissertatio singularis de Collectaneo seu Collectione Anselmi Bandurii quæ Imperium Orientis inscribitur. (Coll. 886 à 925). Caput Octavum. (Coll. 914 à 920). Guido Ravenatensis presbyter. (Coll. 1136 à 1139). Quæstiones illas circa annum 1100 conscriptas fuisse liquide apparet..... has ergo quæstiones si statuimus annis 30 vel 40 antiquiores Guidone qui eas allegat, Guidonem circa annum 30 vel 40 sæculi XII vixisse ac floruisse consequens erit, contra Porcheronum qui sæculo VIII et Volaterranum ac Vossium qui anno 886 perperam affigunt.

Mais arrivé aux écrivains du XIIe siècle, il consacra, sous l'année 1130, un article spécial au prêtre Gui de Ravenne, *Guido Ravennatensis presbyter*, que Gérard-Jean Vossius avait signalé dans son traité des Historiens latins, d'abord comme nous ayant laissé une relation *de la Guerre des Goths* en Italie (vantée aussi par Coccio Sabellico, Jérôme Rossi et beaucoup d'autres) [1]; puis,

1 *Rapsodie historiarum Enneadum* MARII ANTONII COCCII SABELLICI *ab orbe condito..... in annum usque salutis nostræ 1504..... in ædibus Ascensianis ad Idus februarias anni ad calculum romanum, 1517*. In-folio (G. 796).

(Fol. 153, recto de la 2e partie) : Enneadis VIII liber tertius. (Belli Gothici scriptores).

Fuit bellum quod pro Italiæ libertate cum Gothis est in ipsa Italia gestum..... tam insigne et memorabile..... et ob eam rem fortasse plures reperti sunt qui de eo accuratius scripserant. Procopius Cæsariensis qui in Belisarii castris..... medicinam exercuit, *Guido Ravennas*, Leonardus Aretinus, Blondus Forliviensis, etc.....

— *Dell' historia di Casa Monaldesca*, di ALFONSO CECCARELLI DA BEVAGNA *libri cinque*. In Ascoli, 1580, 4° K. 1083.

P. 216..... Guido prete da Ravenna in suis chronicis.....

— ANTON. POSSEVINI *Mantuani societ. Jesu Apparatus sacer*. Cologne, 1608, 2 vol. in-fol. $\left(\mathrm{Q.}\ \frac{10}{1}\right)$.

Tome I, p. 696. Guido Ravennas presbyter Romanorum Pontificum vitas scripsit.

Vivebat anno 886.

— *Nuclei historiæ universalis, cum sacræ tum prophanæ ad dies annosque relatæ auctarium.....* per REV. P. F. GABRIELEM BUCELINUM. Ord. Divi. P. Benedicti.

Augustæ Vindelicorum, 1658, in-12° (G. 1384).

P. 348. Rerum Italicarum scriptores.

Anno Christi 880. Guido Ravennas, Historiam scripsit de bello Gothico.

d'après Raphaël Maffei de Volterre, comme ayant écrit 600 ans avant celui-ci, c'est-à-dire au IXe siècle, une *Histoire des Papes;* et enfin, d'après Antoine Ferrari de

— *Chronicon chronicorum ecclesiastico-politicum ex hujus superiorisque ætatis scriptoribus concinnatum*..... collectore JOHANNE GUALTARIO BELGA (Grüter), 2 vol. in-8o, Francfort, 1614. G. 1353-54, etc.

Lib. II, p. 1004. Anno Domini 900, Guido Ravennas presbyter, scripsit historiam pontificum, et de Bello Gothorum.

— *Catalogus Auctorum qui librorum Catalogos, indices, bibliothecas, virorum litteratorum Elogia, vitas aut orationes scriptis consignarunt :* Ab ANTONIO TEISSERIO uno e 26 Acad. reg. Nemausensis adornatus.

Genève. 1686, 4o Q. 287.

P. 115. « Guido Ravennas presbyter, romanorum pontificum vitas scripsit. »

— *De Scriptoribus non ecclesiasticis græcis, latinis, italicis*..... JACOBI GADDII. Florence, 1648, in-folo Q. 25.

P. 202. « Guido Ravennas presbyter..... dignus videtur inter historicos minime vulgares aut contemptibiles numerari. Si quidem historiam Pontif. conscripsit, et historiam de Bello Gothorum, quam uti accuratam Sabellicus in Enn. 8 commendat.

Floruit Guido ante convolutum omnino sæculum nonum a velata nostri reparatoris divinitate.

— *Dialogus de patriis illustrium doctrina et scriptis virorum*..... autore JOANNE ANDREA QUENSTEDT. Wittebergæ, 1654, in-4o, p. 183.

Italia (pp. 269-394). Ravenna (pp. 333-334).

P. 334 (claruit a. C. 880)... Guidonem, presbyterum, dictum a patria Ravennatem, qui scripsit historiam de bello Gothorum. Volaterranus initio lib. 22 eidem attribuit Historiam Pontificum. Vixit temporibus Imp. Caroli Crassi.

Galatina, comme auteur d'une *Description de l'Italie*[1]. Sans plus de fondement, sans autre témoignage plus explicite, Oudin déclarait Gui de Ravenne auteur de la Géographie de l'Orbe terrestre publiée comme Anonyme par le P. Porcheron ; mais, attendu que le Pseudo-Athanase, allégué dans ce dernier livre, doit être rapporté à l'année 1100 environ, il s'ensuit nécessairement que Gui a dû vivre et fleurir vers 1130 ou 1140, contre l'opinion de Porcheron qui le met au VIIe siècle, et contre celle de Vossius ou du Volaterran qui le rapportent à l'année 886.

On voit que Oudin lui-même flottait entre plusieurs dates, du XIIe au XIVe siècle.

L'identité prétendue de Gui de Ravenne avec l'auteur de la Cosmographie Anonyme mise au jour par Porcheron, allait être l'objet d'une affirmation moins dénuée d'appui que la simple énonciation d'Oudin. Nous avons déjà dit que Muratori avait reconnu de notables fragments de cette Cosmographie dans un manuscrit Ambrosien intitulé du nom de Gui de Ravenne, et l'avait signalé en 1726 dans un des volumes de sa grande collection.

L'année suivante parut, en tête du tome X de ce pré-

1 ANTONII GALATEI Liciensis philosophi et medici doctissimi qui ætate magni Pontani vixit, *Liber de situ Japygæ.*

Bâle, 1558, petit in-8° (Bib. Maz., 28625).

P. 37..... Ob quam rem ego si quæ ex Guidone quodam Ravennate, qui medii temporis fuit, quique de urbibus Italiæ scripsit, ut erant illius tempore referam, non me peccasse existimes.

cieux recueil, une dissertation anonyme bien connue sur l'Italie du moyen âge et sur la géographie générale du même temps, qu'on sait être l'œuvre du bénédictin Jean-Gaspard Beretta (et non Beretti comme on l'a écrit trop souvent), professeur à Pavie, avec l'aide de Donat Silva [1], l'actif promoteur de la publication de Muratori, où leur commun travail est inséré. Dans cette dissertation étendue, un article eut pour objet de déterminer le nom et l'âge de l'anonyme de Ravenne. Flavio Biondo de Forli, mort en 1458, avait cité dans son *Italie illustrée* un prêtre de Ravenne appelé Gui, lequel énonçait, d'après un auteur nommé Iginius, que l'Italie avait eu autrefois jusqu'à sept cents villes : or, Iginius est précisément un des auteurs allégués par le Cosmographe Ravennate, et celui-ci déclare aussi, d'autre part, que certains écrivains avaient attribué à l'Italie plus de sept cents villes [2]. Le Cosmographe Anonyme devait donc, au jugement de Beretta, être lui-même ce Gui de Ravenne qu'on savait par ailleurs avoir écrit, au déclin du IXe siècle, une Histoire des Papes.

La citation, dans la Cosmographie, du livre apocryphe mis sous le nom d'Athanase, n'impliquait pas, aux yeux

1 Silva (Donat), né en 1690 à Milan, mort le 2 juin 1779.

2 BLONDI FLAVII Forliviensis..... *Italia illustrata sive lustrata (nam uterque titulus doctis placet) in regiones seu provincias divisa XVIII* (avec le reste de ses Œuvres). Bâle, 1559, f° (Bibl. Maz., 5719).

P. 295. Quanta autem sit facta locorum mutatio, hinc etiam apparet quod Iginius, qui de urbibus Italiæ scripsit, et eum secutus Guido presbyter Ravennas, prodidere septingentas fuisse Italiæ civitates.

du dissertateur, un argument contre cette date, puisque le nom de Francs qui y est attribué aux Latins en Orient, et que l'on a regardé comme un résultat des Croisades, était d'un usage beaucoup plus ancien chez les Grecs.

Toutefois, comme il nous a été conservé, dans un petit traité descriptif *de la Iapygie*, du médecin Antoine de Ferrari de Galatina, publié en 1558, plusieurs passages sur les villes d'Italie directement empruntés à Gui de Ravenne, et que ces passages ne se retrouvent pas dans la publication de Porcheron, il faut bien reconnaître qu'au lieu de l'ouvrage entier de Gui, il ne nous en serait parvenu qu'une édition mutilée et corrompue, un abrégé, de la façon de quelque scribe ignorant [1].

L'opinion ainsi formulée par Beretta eut beaucoup plus de retentissement que n'en avait eu celle de Casimir

1 MURATORI, *Rerum Italicarum scriptores*, tome X, in-fol., Milan, 1727.

De Italia Medii ævi Dissertatio Chorographica.....

Isagoge ad Geographiam Universalem ejusdem ævi antiquioribus originibus intermixtis. Auctore Anonymo Mediolanensi regio Ticini lectore (P. Beretti Benedictino).

De Tabula chorographica medii ævi.

Sectio II (pp. IX à XV) (3). Anonymi Ravennatis nomen et ætas detegitur (Gui de R. IXe siècle); hæc non recte demonstrata ex Quæstionibus Pseudo-Athanasii quas laudat.... : an Joannes Antiochenus harum auctor (qui anno 1096 floruit) :..... latini omnes a Græcis Franci vocati..... (4) Codex Porcheronius non Germanus nec integer, sed mutilus et corruptus et in epitomen ab imperito redactus; ... (5) De eodem viri docti judicium hic nunc adauctum : et quis ille. ....(6 Ob Chorographos inconsultos vicosque pro urbibus captos adhuc infelix Anonymi Italia, infeliciterque notata :.....

Oudin. Le célèbre Scipion Maffei exalta particulièrement, dans ses *Osservazioni letterarie*, le mérite de la Dissertation du savant bénédictin [1], et d'autre part le docte Wesseling dans la préface de son édition si renommée des anciens Itinéraires romains, Fabricius dans sa Bibliothèque latine du moyen âge [2], Schœpflin dans son Alsace illustrée [3], et bien d'autres se rangèrent au même avis [4].

Avant de connaître la dissertation de Beretta, dont l'existence seulement lui avait été révélée par les Annonces de Leipzig, Eckhardt était rentré dans la lice pour maintenir, contre les conclusions d'Oudin, la date du VIIe siècle antérieurement assignée à la Cosmographie anonyme. Il reconnaissait, à la vérité, que le livre du Pseudo-Athanase n'avait probablement été rédigé que dans l'intervalle de 1229 à 1244, ou peut-être même un peu plus tard, sous l'impression encore subsistante des faits de cette époque; mais il repoussait en même temps toute solidarité entre

1 François Scipion Maffei. *Osservazioni letterarie che possono servire di continuazione al Giornal degli Letteratti d'Italia*. Verona, 1737 et suiv., in-12 $\left(\text{Q. } \frac{702}{1}\right)$. Tome I, art. III. Rerum italicarum scriptores (pp. 79 à 121).

2 *Bibliotheca ecclesiastica..... cum notis editoris Aub. Miræi auctarium... cura* Jo. Alb. Fabricii, SS. Theol. Doct. Hamburg, 1718, in-folo $\left(\text{Q. } \frac{12}{2}\right)$.

3 *Alsatia illustrata Celtica Romana Francica*; auctor Jo. Daniel Schœpflinus. Colmariæ, 1731, in-folo, tome I, p. 570.

Lib. II, Sectio VI, § ccxxxi (Civitas Aurelia Aquensis).

4 Le Comte Carli, 1743.

Ginanni, 1769.

Schœll, 1815.

cet écrit et la Cosmographie du Ravennate, où la citation du livre apocryphe des *Questions* lui paraissait une interpolation évidente. Faisant ressortir en divers endroits du texte des inconnexités matérielles choquantes entre des phrases juxtaposées, il en concluait une interversion dans l'ordre des feuillets désunis d'un exemplaire original délabré, peut-être lacéré, dont la restitution aurait ensuite été hasardée par un copiste maladroit, qui aurait probablement ajouté de son chef la citation du Pseudo-Athanase.

Celle-ci écartée, Isidore de Séville, mort en 634, devient l'auteur cité le plus récent entre ceux qu'on connaît ou dont on peut retrouver ailleurs quelque trace, et parmi lesquels Eckhardt comprend aussi Castorius, Marcellus, et Maximus mentionnés dans les lettres de saint Grégoire le Grand, qui lui-même est mort en 604. De plus, tous les indices historiques fournis par le texte accusent un état de choses antérieur au milieu du VIIe siècle; et enfin le style barbare du livre confirme cette appréciation de l'âge de l'auteur, dont la nationalité gothique se reconnaît en même temps à divers signes.

Sans avoir abordé directement la question de l'identité énoncée par Oudin et soutenue par Beretta, de Gui de Ravenne avec l'auteur primitif de la Cosmographie anonyme publiée par Porcheron, le petit mémoire d'Eckhardt (*Commentatiuncula*, comme il l'avait intitulé) [1] ren-

[1] *Commentarii de rebus Franciæ Orientalis et Episcopatus Wirceburgensis*.... auctore JOANNE GEORGIO AB ECKHARDT. Würtzbourg, 1729, 2 vol. in-folo M. 75. A.

versait implicitement cette hypothèse, qui devait être contredite d'une manière péremptoire par un nouveau critique. Le médecin Jean Astruc, de Montpellier, professeur au Collège de France, qui avait conçu le projet, abandonné plus tard, d'une Histoire naturelle du Languedoc, avait composé, pour en faire partie, divers mémoires de Géographie, de Physique et de Littérature, dont il se décida à former un recueil séparé, qu'il publia en 1737 en un volume in-4°. Dans la première section, comprenant les Mémoires de Géographie, se trouvent deux chapitres consacrés à l'Anonyme de Ravenne et à ses descriptions de la Bourgogne et de la Septimanie : il y est d'abord traité, dans un premier article, du nom et de l'âge de ce Géographe.

Aucun des passages de Gui, rapportés par Antoine Ferrari de Galatina, ne se retrouvant dans la Cosmographie anonyme, on avait bien été forcé de reconnaître que celle-ci n'est point l'œuvre même à laquelle ils avaient été empruntés ; et l'indication de Flavio Biondo, répétée aussi par Léandre Alberti [1], est le seul argument réel, bien léger

Tome I, p. 1. Liber primus de Origine Francorum et migrationibus eorumdem in terras Hermundurorum quorum etiam fata attinguntur. III, p. 902. XIV. De Anonymo Ravennate ejusque ætate *commentatiuncula*.

[1] F. Leandri Alberti Bononiensis *Descriptio totius Italiæ.....* interprete Guilielmo Kyriandro Hæningeno, Coloniæ. 1567, in-fol°. *Italia* (in genere), p. 2. Ælianus auctor affirmat olim in Italia MCLXVJ urbes exstitisse : Guido presbyter Ravennas ex Iginio, qui de urbibus Italiæ scripsit, ejus temporibus septingentas fuisse perhibet.

et bien peu concluant, qui puisse être invoqué pour attribuer à l'anonyme le nom de Gui de Ravenne. Il y a lieu de remarquer, au contraire, que Gui appartient au IXe siècle, tandis que la Cosmographie qu'on veut lui attribuer porte en elle-même la preuve qu'elle est antérieure à l'invasion des Sarrasins en Occident, et qu'elle doit prendre en conséquence son rang chronologique dans le VIIe siècle, comme l'avait jugé Porcheron. C'est déjà beaucoup que d'excuser l'ignorance d'un auteur barbare de cet âge sur l'étendue de la conquête franke à la gauche du Rhin; mais pour Gui de Ravenne, contemporain de Charlemagne ou de ses premiers successeurs, une telle ignorance eût été impossible.

Cependant, une objection sérieuse à cette détermination résultait de la citation, par l'Anonyme, du livre du Pseudo-Athanase, qui porte lui-même l'empreinte du IXe et peut-être du XIIe siècle; mais cette citation semblait à Astruc mal encadrée dans le discours de notre Cosmographe, et pouvoir être regardée comme une interpolation de quelque copiste ultérieur.

Les conclusions d'Astruc, si rapprochées de celles d'Eckhardt qu'on peut s'étonner de ne trouver aucune mention du critique allemand dans le travail du savant languedocien, furent accueillies favorablement dans le monde littéraire, et conservèrent longtemps après lui des prosélytes. Elles étaient suivies encore par le docte Jean-Christophe Gatterer dans un Mémoire sur les Sarmates [1],

[1] *Commentationes Societatis Regiæ Scientiarum Gottingensis* ad a., 1795-98. — Volumen XIII.

lu à la Société royale de Gœttingue le 21 novembre 1795. Il semble qu'elles fussent les seules connues de Nicolas Buache, lorsqu'en 1801, le 12 octobre, il entretenait l'Institut de l'idée qu'il avait eue, dès 1773, de faire sur un exemplaire de la Table Peutingérienne une application graphique comparative des Itinéraires romains et des Nomenclatures du Ravennate, et signalait les avantages qu'il déclarait avoir trouvés dans ce procédé pour l'éclaircissement mutuel des documents ainsi rapprochés sous une forme synoptique [1]. De son côté, le célèbre auteur du *Mithridates*, Jean-Christophe Adelung, en dressant en 1802, sous le titre de *Directorium*, la liste chronologique

Gottingen, 1799, in-4°, R. 1216, H. 6.

Præfatio.

Index commentationum voluminis XIII.

Commentationes physicæ, pp. 3-123.

— mathematicæ, pp. 3-119.

— historicæ et philologicæ, pp. 3-182.

Commentationes S. R. Sc. Gott. tom. XIII classis historiæ et philosophiæ. Ad a. 1795 et 1796.

Pages 79-137. An Prussorum, Litanuorum ceterorumque populorum celticorum originem a Sarmatis liceat repetere? Joh. Christoph. Gattereri disquisitio. Commentatio quarta eaque ultima : Sarmatæ Europæi post Ptolemæum, et orti ex iis Lettones. (Lu à la Société Royale Scientifique, à l'assemblée du 21 novembre 1795).

[1] *Mémoires de l'Institut National des Sciences et des Arts, Sciences morales et politiques,* tome V, in-4°, Paris, an. XII.

Pages 53-62. Observations sur la carte itinéraire des Romains, appelée communément carte de Peutinger, et sur la Géographie de l'Anonyme de Ravenne, par le citoyen Buache, lu le 22 Brumaire, an X.

et critique des auteurs originaux où se trouvent les sources de l'histoire pour la Saxe Méridionale, y inscrivait l'Anonyme de Ravenne sous l'année 660, en se référant d'ailleurs à Astruc.

Bien plus tard encore, le baron Walckenaer suivait aussi purement et simplement l'opinion d'Astruc, dans une courte notice sur Gui de Ravenne, qu'il insérait en 1817 dans la *Biographie universelle* de Michaud, et qu'il reproduisait en 1830 dans ses *Vies de plusieurs personnages célèbres des temps anciens et modernes*, sans correction même des fautes typographiques, lesquelles ont été religieusement copiées une fois de plus par le rédacteur d'un nouvel article de quelques lignes imprimé en 1858 dans une *Biographie générale* fort répandue.

En somme, la thèse d'Eckhardt et d'Astruc était, après la contradiction d'Oudin et de Beretta, un simple retour aux énonciations primitives de Porcheron, à savoir : que l'auteur de la Cosmographie était resté anonyme, qu'il était natif de Ravenne, et qu'il écrivait au VIIe siècle. Aussi le Père Martin Bouquet, en insérant au premier volume du grand *Recueil des Historiens des Gaules et de la France*, publié en 1738, un extrait de cette même cosmographie, se borna-t-il à rappeler dans une note, comme plausiblement établies, les conclusions de Porcheron à cet égard [1]. Et le Père Antoine-Félix Mattei,

[1] *Recueil des Historiens des Gaules et de la France*, tome I, par D. Martin Bouquet, Paris, 1738, in-folo.
Pages 119 à 122. *Ex Cosmographia Ravennatis Anonymi.*

auteur de la *Sardinia sacra*, trouvait de son côté, dans les dates connues soit de la destruction de certaines villes d'Italie, soit de l'édification de certaines autres, les unes inscrites encore, celles-ci omises dans les nomenclatures du Ravennate, de nouveaux arguments pour maintenir l'attribution chronologique au VIIe siècle, de la rédaction de cette œuvre barbare [1] ; et c'est l'âge que continuèrent

(a) Hujus auctorem Cosmographiæ D. Placidus Porcheron, qui eum primus publicavit, Anonymum Ravennatem appellat, quia et nomen ejus ignotum et Ravennæ natus est. Idem asserit probatque, non contemnendis argumentis, hunc auctorem sæculo septimo floruisse, sed Galliæ descriptiones mutuatum esse ab Athanarido aliisque, qui ipsis Franciæ monarchiæ principiis scribebant. Anonymi nostri aspera, barbara et inculta dictio : locorum nomina in recto nonnunquam, sæpius in flexis casibus exponit, id quod forsitan ex eo est ortum, quod scriptores quibus utebatur, milliaria supputaverint.

1 *Sardinia sacra, seu de Episcopis Sardis Historia nunc primo confecta* a F. Antonio Felice Matthæjo, minorita conventuali..... Rome, 1761, in-fol. K. 262.

Pages 114 à 116 (longue note de 2 pages, in-folo).

Note 7. Anonymus Ravennas de Sardiniæ civitatibus agit, lib. V Geographiæ De hujus auctoris ætate tres sunt doctissimorum hominum sententiæ. Nam Pater P. Porcheronius..... existimat floruisse sæculo VII, quam opinionem probant Pagius et alii plures. C. Oudinus, tome II, sæc. XII (col. 136), ac sæculo XI, (col. 916), anno 1130 vel 1140, vixisse et Guidonem presbyterum vocatum esse dicit. Auctor vero..... (Beretta) Guidonem presb. appellat..... sæc. IX scripsisse contendit..... Porcheronii sententiam veritati propensiorem existimare cœpi..... Anon. Rav. ne verbum quidem habet de urbibus Ficoclensi (Cervia), Comaclensi, et Ferrariensi. Accedit Anonymum Ravennatem multarum meminisse urbium quæ longe ante sæculum IX eversæ jam fuerant.....

de lui assigner quelques écrivains ultérieurs, tels que le Père Jean Andrès dans son grand ouvrage de l'*Origine des progrès et de l'état actuel de tous les genres de littérature*, et le com e Gråberg de Hemsô dans une petite *Histoire de la Géographie* d'un mérite réel, publiée en 1802 dans ses *Annales de Géographie et de Statistique*, le premier en le tenant pour anonyme, le second en admettant qu'il pouvait porter le nom de Gui.

Cependant la question n'était pas restée stationnaire. Les arguments d'Astruc avaient, il est vrai, frappé Wesseling au point de le détacher de l'opinion de Beretta, à laquelle il s'était d'abord rangé ; mais il ne les avait néanmoins pas considérés comme décisifs sur tous les points, et il projetait d'écrire lui-même à ce sujet une dissertation spéciale, que toutefois il renonça bientôt à rédiger, et dont il s'est contenté de communiquer le plan à Jacques-Philippe d'Orville, dans une lettre datée d'Utrecht le 1er juin 1738, servant de préface à sa *Diatribe des Archontes des Juifs*.

Il voulait d'abord montrer l'inanité menteuse de toutes les citations de tant d'auteurs inconnus sans cesse allégués par le Cosmographe Ravennate et parmi lesquels les noms de Penthesileus et Marpesius, d'Hylas et de Pyrithoüs, suffisaient à dénoncer une imposture flagrante. Il devait ensuite tirer de la nomenclature géographique des bords du Rhin et de la citation du pseudo-Athanase, la constatation d'une date postérieure au IXe siècle pour la rédaction de ce livre ; puis enfin il serait arrivé, après un examen comparatif approfondi, à conclure comme

Astruc que Gui de Ravenne et le Cosmographe anonyme n'avaient rien de commun qu'une même patrie.

L'autorité du nom de Wesseling suffit à entraîner désormais dans cette nouvelle voie la généralité des érudits : Chrétien Schœttgen, le continuateur de Fabricius, en sa Bibliothèque latine du moyen âge, Jœcher dans son *Dictionnaire universel des gens de lettres*[1], Christophe Saxe dans son *Onomasticon littéraire*[2] se sont bornés au rôle de simples rapporteurs ; et peut-être Sprengel en son *Histoire des principales découvertes géographiques* n'a-t-il pas prétendu à un rang plus élevé, non plus que Bernhardy en son *Esquisse de la littérature romaine ;* de son côté Scheyb, dans la *Dissertation* préliminaire jointe à sa magnifique reproduction en fac-simile de la

1 *Allgemeine Gelehrten Lexicon,* herausgegeben von CHRISTIAN GOTTLIEB JÖCHER. Leipzig, 1750, 4 vol. in-4° (P. 127 5 B).

Tome II, col. 1266..... Peter Wesseling in dedicatione Dissertationis de Archontibus Judæorum hält diesen Guido von dem Anonymo Ravennate, dem Verfasser der Geographie, für unterschieden.

2 CHRISTOPHI SAXII *Onomasticon literarium sive nomenclator historico-criticus,* in-8°. P. 481, 6, A. 2. Utrecht, 1777.

Pars secunda, pp. 136-137. Sæculi X principibus.

..... Porro in consilium vocatur *Cl. P. Wesselingius* in Præf. ad *Antonini Itinerarium,* quo loco secundum auctorem *Dissertationis Chorographicæ Italiæ medii ævi,* p. 10, eumdem esse putat atque *Guidonem Ravennatem,* mox vero repudiata hac sententia *Astrucium* secutus, eumdem a *Guidone Ravennate* diversum esse existimat, in præf. Dissert. de *Judæorum Archontibus.* Addatur omnino *Schœttgenius* ad *Fabric. Bibl. Med. Act.,* tome VI, pp. 151-160. Exordium *Geographi Ravennatis* emendare conatus est *C. A. Heumannus,* in *Pœcile,* tome I, l. II, p. 217.

carte Peutingérienne[1], n'avait parlé du Ravennate qu'en se référant à la sentence du maître. Mais Tiraboschi développait avec une grande verve l'accusation d'ignorance barbare et de mensonge énoncée par Wesseling ; Ginguené devenait à son tour l'écho de Tiraboschi[2], et Daunou renouvelait, en les précisant davantage, les anathèmes de Tiraboschi et de Ginguené.

Au milieu de ce concert de dénigrement que ne pouvait interrompre l'indulgente modération de Sainte-Croix, il s'était pourtant élevé une voix qui protestait : dans un ouvrage dont le mérite n'est pas contesté malgré les taches que l'auteur n'eut pas le loisir de faire disparaître par une révision ultérieure, et que n'ont effacées non plus ni les traducteurs étrangers ni les réviseurs posthumes, Malte-Brun le père, en son *Histoire de la Géographie*, parue

1 *Peutingeriana Tabula Itineraria.....* a Fr. Chr. de Scheyb, Vindobonæ, 1753.

Dissertatio de Tabula Peutingeriana.

P. 28..... hinc merito et jure in eamdem censuram incurrerem qua Wesselingius in eumdem Ravennatem animadvertit; dum illum ad fraudem obtegendam hominem aptissimum, Geographorum et Scriptorum qui nunquam nati sunt, commentatorem, imo inventorem esse ait, simulque existimat, libros illius geographicos ex Tabula Peutingeriana vel aliis ejus generis chartis excerptos, iisdemque Geographiam suam quasi ex auctoribus, a se undique fictis comportatam esse et concinnatam.

2 *Histoire littéraire d'Italie,* par P.-L. Ginguené; 2e édition. Paris, 1824, in-8o, Z. 173.

Tome I, cap. ii : Etat des lettres en Italie sous les rois Goths, sous les Lombards; sous l'empire de Charlemagne et de ses descendants, etc....., pp. 37 à 127.

en 1810, n'avait pas craint de défendre la véracité du Géographe de Ravenne contre la prévention de Wesseling[1].

[1] Un exemple de ces taches non effacées encore se rencontre précisément dans les dernières lignes de l'article consacré au Ravennate. Sprengel, que Malte-Brun a souvent pris pour guide, sans le dire peut-être assez, avait fait remarquer, à propos du texte imprimé de l'Anonyme, que beaucoup des noms géographiques qui y sont accumulés resteront indéchiffrés jusqu'à ce qu'un hasard fasse retrouver l'ouvrage plus considérable dont nous n'avons maintenant qu'un abrégé grossier, mais qu'avait possédé entier, vers 1480, l'érudit italien *Antonius Galateus*, qui en fit usage et en inséra des extraits dans sa description de la Calabre.

Malte-Brun voulant résumer tout cela sans y être préparé par une étude suffisante du sujet, et confondant le texte imprimé de l'Anonyme avec les extraits de Gui de Ravenne, conservés par Antoine de Galatina, déclare que ce texte de l'Anonyme, très corrompu, aurait besoin d'une révision, et il ajoute que (pp. 356-357) « d'ailleurs nous n'en avons qu'un extrait fait avec peu de soin par un italien du quatorzième siècle, *Galateus*, qui probablement a puisé dans le grand ouvrage de l'Anonyme une partie de la description qu'il a publiée de la Calabre ».

Les nombreux réviseurs posthumes de l'œuvre de Malte-Brun n'ont rien changé à cette phrase ; Evrard-Auguste-Guillaume Zimmermann l'a scrupuleusement transportée dans sa version allemande, et Forbiger, à son tour, s'est laissé entraîner par l'indication fidèlement erronée de Zimmermann.

L'histoire littéraire fourmille d'exemples de cette érudition de seconde main qui propage et consacre sans examen des erreurs créées par l'inadvertance d'un premier compilateur, distrait ou trop pressé.

Un jour sans doute le fils de Malte-Brun remplira le pieux devoir de donner une édition sévèrement expurgée du beau livre que son père n'eut le temps ni de revoir, ni d'achever.

Douze ans après, un autre champion d'une haute valeur vint mettre dans la balance l'autorité de son nom en faveur de la même thèse. L'Académie de Munich ayant résolu de publier une nouvelle édition de la Table Peutingérienne avec les cuivres de Scheyb itérativement collationnés sur le monument original, ce fut le docte Conrad Mannert à qui elle confia le soin d'y faire une introduction, laquelle porte la date de 1821, et contient un appendice de quatre pages, spécialement consacré au Géographe de Ravenne.

Le savant professeur, qui, autrefois, à l'exemple de Wesseling, avait jugé le Ravennate coupable d'avoir forgé des nomenclatures géographiques de fantaisie et des auteurs imaginaires, afin de s'appuyer sur leur apocryphe autorité, Mannert vint rétracter hautement ses anciennes opinions sur ce point, reconnaissant désormais dans le compilateur barbare un homme qui avait beaucoup lu, et qui avait eu réellement à sa portée des écrivains du ve et du vi[e] siècle aujourd'hui perdus, à l'égard desquels on devait le supposer aussi véridique qu'il l'est en effet dans la citation des œuvres que nous possédons encore. Quant à son âge, il faut le rapporter au ixe siècle, attendu, entre autres indices significatifs, qu'il donne à l'ancienne voie Emilienne la dénomination de *chaussée impériale*, qui ne peut dater que du règne de Charlemagne. Mais il a puisé les éléments de son livre à des sources d'époques très diverses, en sorte que ce serait pour tout nouvel éditeur une obligation essentielle que de faire l'attribution distinctive, à chaque pays, de l'époque et de la source à laquelle appartiennent les notions qui s'y rapportent, et parfois des époques et des sources multiples qui ont fourni les notions rassemblées sur un seul pays. Mannert lui-même esquisse, dans un aperçu rapide, les indications les plus saillantes suivant lesquelles doit s'accomplir cet indispensable triage [1].

La diffusion du livre de Malte-Brun et l'autorité plus grave du nom de Mannert relevèrent dans l'opinion la valeur de la Cosmographie anonyme; Cooley dans son Histoire des *Découvertes maritimes et continentales*, Baehr dans son *Histoire de la littérature romaine* [2],

1 Conradus Mannert, *De Geographo Ravennate*, Landshuti, 1821. Hominem insipidum esse, de eo quidem constat; de mendace retracto sententiam, quum appareat multæ lectionis fuisse virum, et ad manus habuisse vti, viti seculi scriptores nobis deperditos. Ravennæ natum — de nomine parum liquet — seculo IX adjungendum esse censeo... *Imperialis Estratæ*, antiquam viam Æmiliam in Caroli magni honorem.

... Insuper plures... quæ cuncta nomina ficta putavi olim nec tamen amplius puto, quod in aliis nobis notis Ravennatem inveni veridicum, et quod confusas quas de Germanorum, Sarmatorum populis affert notiones aliunde haurire non potuit. .... Itaque perspicuum est de studiis bene mereri suscipientem hujus editionem curatiorem, quæ non dico systema operis eruat, nullum enim adest systema auctori, sed quæ cuivis expositæ regioni ævum ei conveniens designet, nuntiet quoque ubi longe diverso ævo tribuenda in eadem regione, repugnantia sibi invicem, pro diversitate auctorum quos secutus est, juxta se ponantur; quæ emendet vitiata nomina, quantum emendari possunt, in uno verbo, quæ curatius evolvat a me rudiore modo indicata magis quam exposita.

2 Bæhr. Enfin nous mentionnerons l'écrit du Géographe de Ravenne *De Geographia seu Chorographia*. L'auteur, qui d'après une

Forbiger dans l'Introduction historique de son *Manuel de la Géographie ancienne* [1], ne laissent percer aucun doute sur la véracité du Ravennate. Eckermann a fait davantage : dans une notice soigneusement élaborée sur la Table Peutingérienne, insérée dans la *Grande Ency-*

conjecture, a dû se nommer Gui, écrivait au IXe siècle; son ouvrage, divisé en cinq livres, offre, après une introduction à la Géographie, une description de l'Asie, de l'Afrique et de l'Europe consistant pour la plupart en simples listes de noms, puis une sorte de périple; il est tiré de sources anciennes, la plupart perdues, surtout des Itinéraires, avec lesquels il a principalement beaucoup de ressemblance; il semble ne pas être entier et fréquemment mutilé; il a à la vérité quelque prix par le nombre des écrivains employés, mais il perd beaucoup par la grande corruption du texte, aussi bien que par la mise ensemble sans critique, le défaut d'ordre et de documents aussi bien que par un langage barbare.

[1] FORBIGER. Accessoirement je mentionnerai ici une semblable Géographie qui appartient à un âge beaucoup plus tardif, et dont on ne trouve aucune citation dans le texte même de mon livre. C'est l'écrit du géographe Ravennate *de Geographia sive Chorographia,* qui provient du IXe siècle, et qui, à la vérité, par la quantité par lui alléguées et pour la plupart à nous entièrement inconnues de sources même Egyptiennes, Africaines et Gothiques, offre un mérite particulier et contient une très intéressante, au total, quoique seulement générale, description du monde connu au VIIIe siècle, qui peut grandement contribuer notamment à l'intelligence de la table Peutingérienne, attendu que l'auteur a eu incontestablement devant lui, en composant son ouvrage, une carte très ressemblante à celle-là. Dans le défaut dominant d'ordre et de critique et la grande corruption du texte, il ne peut cependant être utilisé que comme un grossier aperçu, particulièrement attendu que nous n'avons pas l'original même, mais seulement un extrait médiocre et négligé fait par un Italien du XIVe siècle, nommé Galateus.

clopédie de Ersch et Gruber, il a, comme Mannert, consacré quelques pages spéciales à l'Anonyme, en insistant plus que n'avait fait Mannert lui-même, sur la parfaite créance que mérite l'écrivain barbare quant à la citation des sources où il a puisé, et sur l'estime à faire de celles-ci, notamment de Castorius, d'après les témoignages du compilateur [1].

Sur ces entrefaites, la question prit tout à coup un nouvel essor par la haute valeur qui fut attribuée à un manuscrit du XIIe siècle appartenant originairement à l'ancien hôpital de Saint-Nicolas de Cuss sur la Moselle, passé ensuite aux mains des Jésuites d'Anvers, puis enfin

[1] *Allgemeine Encyklopädie der Wissenschaften und Künste.* — Dritte section O-Z. 20er Theil Peutinger-Pfitzer. Leipzig, 1845, in-4[o]. Peutingeriana tabula, pp. 14 à 34. ECKERMANN.

31. Col. 2 : So leuchtet ein, dass er in das 9 Jahrhundert gehört, wie auch Mannert entschieden hat. (Introd. C. 41).

32. Col. 1 : die von ihm benutzten gothi Schriftsteller in ihrer Muttersprache schrieben... er ausdrücklich berichtet dass Arsacius und Afrodisianus in griechische Sprache des Orient beschrieben haben... Geon et Risi... in welcher Sprache wissen wir nicht. Schon ist bemerkt worden dass viele Gelehrten geglaubt haben alle diese Namen wären erdichtet um den Schein gelehrter Belesenheit davon zutragen. Allein worauf stützt sich dies harte Urtheil?

Col. 2 : Es würde nicht schwer sein, die Inconsequenz dieses Beweises darzuthun... Castorius, welchen Mannert... wie Æthicus et Honorius... einen gelehrten Commentor über die Tafel geschrieben, oder auch eine wollständigere und jedenfalls bessere Copie derselben als wir besitzen, verfalt.

33. C. 2 : Untersuchen wir zuletzt wie der *Orbis pictus* des Castorius beschaffen war.

entré, avec les livres des Bollandistes, dans la Bibliothèque royale de Bruxelles, et sur lequel l'attention des érudits avait été appelée par George-Henri Pertz à ce que nous dit Reiffenberg, ou par Œhler comme l'insinue Eckermann [1], ou par Bethmann suivant que l'affirme catégoriquement Bock.

Ce volume de 169 feuillets petit in-folio, en parchemin, orné de miniatures et de cartes, est intitulé du nom de Gui *(Incipit prologus libri Guidonis compositi de variis historiis pro diversis utilitatibus lectori proventuris)* et il est daté de l'année 1119, indiction XII. Décrit sommairement en 1839 dans les *Archives de la Société pour la connaissance de l'ancienne histoire allemande*, de Pertz [2], puis, en 1842, dans le *Catalogue des Manuscrits de la Bibliothèque royale des ducs de Bourgogne* de François-Joseph-Ferdinand Marchal, où le vieux

1 *Allgemeine Encyklopädie der Wissenschaften ünd Künste.* Peutingeriana tabula. Eckermann [op. cit., supra].

P. 34. Col. 1 : Doch scheint es, als solle die gelehrte Welt in dieser Rathlosigkeit nicht ferner verharren, da D. Œhler in Belgien Handschriften des Anonymus gefunden hat, welche von unsern Texten in vielen Stücken ganz bedeutend abweichen sollen, und sicherlich in der neuen Edition der römischen Geographen, welche D. Gläser in Breslau vorbereitet, nicht unbenutzt bleiben werden.

2 *Archiv der Gesellschaft für ältere deutsche Geschichtskunde* (op. cit., p. 10). G. H. Pertz, p. 540, Wer der Verfasser Guido sei, wird sich vielleicht später bestimmen lassen; unten den in Fabricii bibliotheca N. A. aufgeführten ist er wohl nicht. Vorn steht folgende Inschrift des 16 Jahrhunderts : liber hospitalis S. Nicolai quem dedit Dominus Jo. Jutus (oder Incus) canonicus et cantor ecclesiæ cardonensis cujus anima requiescat in pace.

compilateur est désigné sous l'appellation de *Gui le Pisan,* il fut, en 1843, l'objet d'une communication plus développée du baron de Reiffenberg à l'Académie de Bruxelles, imprimée dans les Bulletins de cette compagnie, et tirée à part à l'adresse de Schœnemann, le docte bibliothécaire de Wolfenbüttel [1].

Cet écrit, dont l'auteur voulut bien faire parvenir un exemplaire à l'humble rédacteur de ces pages, fut l'occasion d'une correspondance où l'intérêt du zélé conservateur était appelé sur la question de savoir si le manuscrit de Bruxelles ne renfermait pas, comme certains indices le donnaient à soupçonner, la cosmographie perdue de Gui de Ravenne; mais il y eut sans doute méprise sur la portée réelle de cette interrogation, et le véritable point à éclaircir ne fut pas même abordé.

L'explication arriva d'autre part à quelque temps de là. Un studieux adepte de la Géographie des divers âges, Antoine-Guillaume-Bernard Schayes, conservateur du Musée des Antiquités à Bruxelles, communiqua à son tour, en 1845, à l'Académie Belge, le résultat d'un examen plus attentif du *Liber Guidonis,* dont il annonça le projet de publier les parties inédites ou différentes des éditions vulgates. Le volume ne lui paraissait pas pouvoir être attribué tout entier à un seul auteur; mais il contient plusieurs frag-

1 *Bulletin de Bruxelles,* 1843, t. X, 1re partie. Reiffenberg.

I. P. 522 à 545 : En analysant dernièrement le recueil de Gui, etc...

I. P. 468 à 482 : Encore un Ms. de l'hôpital de Saint-Nicolas de Cuss...

II. P. 75 à 82 : Avant de quitter le Ms. de Cuss....

ments d'une Cosmographie qui est bien l'œuvre de Gui de Ravenne, notamment une description de l'Italie répondant à celle dont *Antonius Galateus* (Antoine Ferrari De Galatina) avait fait, au XVe siècle, diverses citations sous ce nom. Le savant belge trouvait dans le texte de Gui la preuve qu'il dut composer son livre entre 668, date de la prise de Brindes et de Tarente par Romuald, duc de Bénévent, et 698, époque de l'éversion définitive de Carthage; tandis que le Cosmographe ravennate anonyme, copiste et abréviateur barbare de Gui pour quelques parties, a donné place dans son œuvre à des additions qui accusent un âge postérieur au moins de deux siècles, probablement de quatre[1]. Et le docte Joachim Lelewel, dans sa Géographie du Moyen Age, publiée à Bruxelles en 1852, a pleinement adopté les conclusions de Schayes.

Cependant elles avaient été, dans l'intervalle, contredites à Bruxelles même, dans un travail critique sur le *Liber Guidonis,* développé dans une série de quatre lettres à Louis Bethmann, signées de C. P. Bock et datées du dernier décembre 1850 : travail critique plus étendu que tous les précédents, et qui témoigne d'une étude très attentive du nouvel élément introduit dans la discussion.

Le manuscrit appartient paléographiquement à une époque beaucoup plus récente, à son avis, que la date de 1119 qui y est inscrite et qui est incontestablement

[1] *Bulletin de Bruxelles.* Tome XII. 2. pp. 73 à 84. SCHAYES.

celle de la composition du recueil, comme la mention de certains faits historiques concourt d'ailleurs à le démontrer : car, bien que la table générale mise à la suite du prologue et qui répartit en six livres l'ensemble de la compilation soit probablement due au copiste plutôt qu'au compilateur [1], le manuscrit en son entier n'en forme pas

1 *Annuaire de la Bibliothèque royale de Belgique*, par le conservateur BARON DE REIFFENBERG, 5e année, Bruxelles et Leipzig, 1844, petit in-8o. Guidonis liber ex variis historiis.... *fondé par feu le Baron de Reiffenberg, continué sous la direction de M. L. Alvin, conservateur.*

12e année, Bruxelles, Leipzig et Gand, 1851, petit in-8o. (Acquisition 31129).

Pages 41 à 212 : *Lettres à M. L. Bethmann sur un Mss. de la Bibliothèque de Bourgogne, intitulé Liber Guidonis.* Le jour de Saint-Sylvestre, 1850. C. P. BOCK.

Lettre I, pp. 43-68; lettre II, pp. 69-121; lettre III, pp. 123-160; lettre IV, pp. 161-204.

P. 46 : Le texte de Porcheron a besoin de rectifications innombrables et pourra être complété en beaucoup d'endroits à l'aide du Mss. de Bruxelles.

Pages 44, 48, 49 : Le millésime de 1119 est la date de l'œuvre originale de Gui, mais le Ms. est une copie plus tardive.

P. 49 : L'auteur commence par une description de l'Italie correspondant à celle du IVe livre de Porchéron.

P. 50 : Les deux écrivains ont eu sous les yeux deux traductions différentes d'un même ouvrage écrit en grec; le texte de Porcheron est un abrégé de l'ensemble; celui de Gui donne des extraits plus complets de quelques parties répondant aux IVe et Ve livres avec des inversions et des additions empruntées à Solin et à Diacre.

P. 57 : Bethmann a publié une portion de chronique de Gui.

P. 96 : L'idée gibeline perce dans toute l'œuvre de Gui.

moins un seul tout recueilli d'après un seul et même ordre d'idées, à savoir l'union intime des intérêts temporels de l'Italie avec ceux de la cause impériale opposée à la suprématie absolue de la papauté dans la grande lutte vulgarisée sous les appellations de Gibelins et de Guelfes.

Pertz, ou Bethmann sous son nom, en insérant dans le grand recueil des *Monuments historiques de la Germanie* un extrait chronologique puisé dans le Manuscrit de Bruxelles, conjecture que l'auteur pourrait être un moine du Mont Cassin, du nom de Gui, mentionné par Pierre Diacre parmi les personnages recommandables de cette abbaye[1]; mais Bock, frappé comme l'avait déjà été

P. 124 : Gui était de Pise.

P. 151 : Bethmann (Pertz, V. 63) le croit moine du Mont-Cassin...

P. 153 : Plusieurs Gui pisans à cette époque; le nôtre était sans doute un Gui, notaire royal, ou peut-être un Gui diacre.

Pages 162, 163, 164 : La dénomination de Gui de Ravenne doit disparaître de l'histoire littéraire. Gui a transcrit servilement le passage du Ravennate sur sa ville natale.

P. 165 : Il était sujet grec.

P. 177 : On a accusé l'Anonyme d'avoir forgé ses autorités ; mais Mannert et Eckermann l'ont suffisamment défendu; idée de l'œuvre de Castorius, suivant Eckermann.

1 *Monumenta Germaniæ historica*... edidit G. H. Pertz, tome VII. — Scriptorum tomus V. — Hannoverae, 1844, in-fo M.

Pages 63 à 65. Regum et imperatorum Catalogi.

2) Chronicon a Guidone Langobardo (V. Petri Diacr. de Viris illustrib. c. 41) fortasse monacho Casinensi, historiæ Heinrici IV auctore, ineunte seculo XII conscriptum, quod in Codice regio Bruxellensi, anno 1119, in membrano exarato evolvi (Archiv. VII, 537, 538). Guido librum suum ab orbe condito inchoat, imperatores romanos

Marchal, des indices répétés qu'offre la compilation entière, de la nationalité pisane du rédacteur, passe en revue les divers personnages du même nom qui figurent vers ce temps dans les chroniques et les documents relatifs à Pise, et il choisit comme répondant le mieux aux conditions du problème le diacre Gui, célébré dans le poème de Laurent de Vérone sur la conquête de Majorque par les Pisans de 1113 à 1115. Et sans s'inquiéter autrement des sources qui ont fourni à l'histoire littéraire l'appellation de Gui de Ravenne, Bock suppose qu'elle n'a d'autre fondement que la transcription servile, par Gui de Pise, d'un passage où le Cosmographe anonyme dont il a pris les extraits révèle lui-même sa nationalité ravennate; d'où il conclut magistralement que cette dénomination de Gui de Ravenne doit disparaître de l'histoire littéraire[1].

Comparés au texte publié par Porcheron, les extraits de la Cosmographie ravennate, encadrés dans la compilation de Gui de Pise, donnent lieu de reconnaître que les deux versions reproduisent un même original sous deux aspects très distincts : d'un côté, c'est un abrégé barbare de l'ensemble, de l'autre côté, ce sont des extraits détachés d'une rédaction plus étendue et plus élégante. Mais la différence de langage pour certaines phrases com-

et reges Langobardorum usque ad Heinricum IV imperatorem recenset, et catalogum antiquum, ejus quem S. S. tome III, p. 873, dedi ditiorem fontem, ante oculos habuisse videtur. Scripsit Heinrico V imperium tenente.

1 *Lettres à Bethmann*, C. P. Bock (op. cit., pp. 41, 42).

munes aux deux textes constatent d'une manière évidente que ce sont en réalité deux traductions diverses d'un même texte originairement écrit en grec, ainsi que le montrent assez les grécismes dès longtemps remarqués dans quelques locutions et dans la forme de certains mots.

Cet original grec avait dû être écrit entre la date de la prise de Brindes et de Tarente par le duc lombard Romuald, et celle où Ravenne perdit, en rentrant sous l'obédience de Rome, l'éclat de l'immunité pontificale dont l'avait décorée l'empereur, c'est-à-dire entre les années 667 et 670. Les indices postérieurs qui se peuvent remarquer dans le texte publié par Porcheron, comme par exemple la désignation de la voie Emilienne par la dénomination de *Chaussée Impériale*[1], ne se trouvent pas dans les extraits reproduits par Gui de Pise, et doivent être considérés comme des interpolations de l'abréviateur, postérieurement au IXe siècle.

Telles sont, en résumé, les conclusions développées avec beaucoup d'érudition et d'habileté dans les lettres de Bock à Bethmann, et qui ont eu dans leurs points fondamentaux l'assentiment d'un autre perspicace scrutateur de l'Anonyme Ravennate.

Théodore Mommsen, qui déjà, dans son étude des pierres milliaires de la basse Italie et des voies romaines de ces provinces, avait eu occasion d'apprécier l'intime rapport de la Cosmographie ravennate avec la table Peu-

[1] Imperialis estrata et non *estratus*, comme le dit par inadvertance Bock.

tingérienne, présenta à la classe de philologie et d'histoire de la Société royale saxonne des Sciences de Leipzig, dans sa séance du 15 février 1851, un essai de restitution, en cette partie, d'après le texte de la Cosmographie, de la carte consultée par l'écrivain barbare, afin de déterminer ce qu'avait dû être cette carte, quelles connaissances possédait par ailleurs notre Cosmographe, et dans quelles conditions s'était formée l'œuvre qu'il nous a transmise.

L'aperçu général de la distribution horaire des contrées terrestres lui semble démontrer que la carte consultée devait être orbiculaire, et non rétrécie en une longue bande comme la table Peutingérienne : elle offrait les dimensions relatives des trois parties du monde connu, et les situations mutuelles des lieux, plus des indications explicatives inscrites sur divers points; en somme, c'était probablement quelque dérivation remaniée de l'ancien *Orbis pictus* d'Auguste; et le Ravennate avait dû tirer de son propre fonds ou puiser ailleurs les notions applicables à un état de choses plus récent, notamment en ce qui concerne les contrées barbares.

Le nouveau critique reconnaît avec Bock que le *Liber Guidonis* est l'œuvre d'un Pisan, et qu'il faut rapporter à la fois à un original grec commun soit les extraits de Cosmographie transcrits dans ce livre, soit le texte publié par Porcheron; mais ces deux versions offrent entre elles, dans la forme et dans le fond, des différences notables, de l'examen desquelles on est autorisé à conclure que ni l'une ni l'autre ne représentent exactement l'original, et que celle de Porcheron, moins altérée, conserve l'empreinte d'un état de choses plus ancien, tandis que celle du Pisan laisse apercevoir diverses traces de remaniements ultérieurs : ces remaniements eux-mêmes semblent provenir d'une source grecque; en sorte que le savant danois est ainsi conduit à admettre l'existence de quatre textes distincts, savoir : une première composition grecque, la version latine de celle-ci contenue dans l'édition de Porcheron, une seconde recension grecque retouchée et amplifiée, enfin une version latine de cette dernière, dont nous ne connaissons que les extraits conservés dans la compilation de Gui de Pise, où *Blondus* et *Galateus* ont puisé à leur tour les citations qu'ils ont mises sous le nom de Gui de Ravenne.

L'âge relatif des deux recensions ne détermine pas indispensablement l'ordre successif de leurs versions latines : on peut juger que l'original grec a dû être écrit à Ravenne vers la fin du VIIe siècle, peu après l'établissement des Bulgares au sud du Danube en 678. La difficulté chronologique tirée de la citation du pseudo-Athanase est sans valeur, dès qu'on reconnaît, avec les Bénédictins, que les plus anciens manuscrits grecs du livre cité n'offrent pas les traces alléguées d'un âge postérieur à saint Athanase; et pour les quelques indices de l'époque carlovingienne qui se rencontrent dans le texte latin de Porcheron, on peut les considérer comme des additions expresses du traducteur, ou comme des annotations marginales interpolées dans le texte par les copistes. La deuxième recension, exempte de ces nouveautés, a dû être écrite en grec peu de temps après la première, à Ravenne ou à Tarente, puis traduite en latin peut-être vers le même temps que la première, au IXe siècle, et réduite en extraits en 1119 dans la compilation de Gui de Pise.

Quant aux sources de l'ouvrage, il faut séparer en deux classes très distinctes les autorités alléguées à ce titre par le Ravennate : dans l'une il faut ranger tous ces prétendus savants romains, grecs, macédoniens, goths, etc., inconnus de tous, ces noms fictifs derrière lesquels il cache sa pauvreté, réduite à de perpétuels emprunts à un seul et même fonds, la carte romaine qui a fourni ses nomenclatures : les amazones Penthésilée et Marphise, transformées en philosophes masculins descripteurs de la Colchide, trahissent ouvertement ces puériles inventions. L'autre classe est celle des auteurs connus grecs et latins, à l'égard desquels l'exactitude des citations est constatée. Le noyau de la Cosmographie du Ravennate est donc formé des notions tirées d'une carte romaine du IIIe siècle, et autour desquelles il a groupé les lumières recueillies d'écrivains plus récents d'âges très divers; gardant sur des faits contemporains un silence étrange qui ne peut s'expliquer autrement que par l'emploi de documents surannés.

La campagne ouverte en 1738 par Wesseling contre la véracité du Ravennate, poursuivie avec tant de verve par Tiraboschi et ses adhérents, arrêtée dans ses progrès par la résistance de Mannert et d'Eckermann, et nouvellement reprise par Mommsen, allait être de nouveau poussée plus vivement que jamais par un autre champion, le chevalier Jean-Baptiste de Rossi, dans des *Observations critiques sur le Cosmographe Ravennate et les anciens géographes cités par lui*, mémoire lu à l'Académie romaine d'Archéologie, le 22 janvier 1852 [1]. Comme Wesseling et Mommsen, il s'attaquait d'abord aux noms suspects de Penthesileus et de Marpesius, d'Hylas et de Pirithoüs; mais il avait découvert d'autres points vulnérables : pour lui, Arbition et Lollien, Probinus et Marcellus, n'étaient pas des inconnus, et le Cosmographe avait eu juste motif de les accoupler ainsi constamment deux à deux; car ces prétendus savants romains, ce sont en réalité des consuls : Arbition et Lollien les consuls ordinaires de l'an 355, Probinus et Marcellus les consuls ordinaires de l'année 341. Ces nouveaux exemples de fraude patente doivent, à son avis, ôter toute foi en des citations qui, même pour des écrivains connus tels que Porphyre et Jamblique, sont pareillement forgées à plaisir, puisque jamais ils n'écrivirent de Cosmographie; et s'il y a dans la description de quelques pays d'Europe certaines données qui semblent accuser une autre origine que la carte romaine, c'est que le Ravennate aura eu entre les mains un exemplaire modernisé de celle-ci; car c'est là réellement la source unique où il a puisé, et qu'il s'est étudié à nous tenir cachée.

Charles Müller, dans un article rempli d'ingénieux

[1] *Sopra il Cosmografo Ravennate e gli antichi geografi citati da lui osservazioni critiche* del cav. G. B. DE ROSSI. *Memoria letta alla Pontificia Accademia Romana di Archeologia, il 22 Gennaio 1852.* — Roma, Tipografia delle Belle Arti 1852 (in-8o de 2 f. 1/4). *Estratta dal Giornale Arcadico*, tomo CXXIV (pp. 3-32).

aperçus, inséré en 1857 sous le mot *Itinéraires* dans le *Complément de l'Encyclopédie moderne*, publié par Firmin Didot, est venu adoucir la rigueur de ce jugement du docte italien, en admettant que par simplicité plutôt que par fraude l'Anonyme de Ravenne a transformé en géographes les consuls dont les noms étaient inscrits, pour en marquer la date, sur les cartes qu'il consultait et qui avaient probablement pour auteurs, d'une part Castorius dont le nom accompagne toujours ceux d'Arbition et de Lollien, d'autre part Maximus toujours désigné en tiers avec Probinus et Marcellus. La table peutingérienne, comme il le montre par de curieux rapprochements, serait dérivée elle-même de la carte portant la date consulaire de 341, et le rapport intime de la Cosmographie ravennate avec la table de Peutinger se trouve ainsi naturellement expliqué.

Des conclusions analogues sont indiquées dans un mémoire spécial de Gustave Parthey sur l'*Egypte d'après la Géographie de Ravenne*, lu à l'Académie de Berlin le 18 mars 1858, comme un prélude à l'édition entière de la Cosmographie qu'il prépare en collaboration avec Maurice Pinder; dans leur commune pensée, la qualité de consul, reconnue appartenir à Arbition et Lollien, est loin d'exclure la possibilité que les travaux géographiques officiels exécutés sous leur consulat aient été justement désignés par leur nom; et pour être en droit de considérer comme une fable oiseuse tant de citations précises de la part du Ravennate, il faudrait d'abord que la fraude fût mise hors de doute au moyen de preuves plus solides;

mieux vaut s'en tenir à l'idée de Porcheron : que les auteurs cités, qui nous sont aujourd'hui inconnus, ont péri dans l'incendie de la Bibliothèque de Ravenne arrivé à la fin du VIIe siècle [1].

Les hypothèses interprétatives de Müller et de Parthey ont ainsi ouvert une voie d'indulgente justice, dans laquelle un nouveau scrutateur de l'œuvre du Ravennate est entré en dernier lieu, dans une thèse spéciale ayant pour objet *la Gaule décrite par l'Anonyme*. M. Alfred Jacobs, dont le travail a été signalé avec éloges à la Société de Géographie par M. Alfred Maury, n'a pas borné son étude aux seuls fragments qu'il voulait commenter et mettre sous nos yeux dans une construction graphique; il a de plus consacré quelques pages d'introduction à un coup d'œil général sur l'ensemble du livre ; et cherchant une application plus large des circonstances atténuantes admises par Müller dans l'appréciation de la part réelle de culpabilité dont ne peut être entièrement absous le Ravennate, il lui semble trouver dans l'hypothèse d'une carte ornée de figures et de légendes explicatives comme la mappemonde de Hereford, une explication naturelle des noms introduits comme à l'aventure dans l'œuvre du compilateur : une légende consacrée aux Amazones aura offert les noms de Penthésilée et de Marphise ; une inscription relative à la sortie des Hébreux de la terre d'Egypte aura pu contenir le nom du roi Cenchres, désigné à ce propos

[1] *Ægypten beim Geographen von Ravenna,* von G. Parthey, gelesen am 18 marz 1858.

par Eusèbe; et peut-être quelque indication mal comprise ou mal lue aura-t-elle paru donner celui de Blantasis.

Mais, pour la Gaule, les noms des Goths Athanaride et Eldebalde s'appliquent à des sources réelles d'information, en dehors de la carte romaine qui se laisse apercevoir sous le nom de Castorius. Quant à cette carte même, le nouveau dissertateur croit reconnaître à différents indices, notamment à quelques doubles emplois dans la désignation d'un même lieu placé à l'intersection de diverses routes, la preuve que les nomenclatures chorographiques du Ravennate ont dû être prises d'une table itinéraire analogue à celle de Peutinger, et non, comme l'avait pensé Mommsen, à un planisphère régulier, tel que l'*Orbis pictus* dont le type remontait à Auguste.

M. Jacobs n'admet pas non plus l'idée mise par Bock et appuyée de l'adhésion motivée de Mommsen que la Cosmographie anonyme d'une part, et les extraits insérés dans le *Liber Guidonis* d'autre part, appartiennent à deux versions provenues d'un même original grec : la Cosmographie, dont la rédaction ne peut être antérieure au IXe siècle, lui paraît porter la trace évidente d'un emprunt direct à la carte romaine, sans préjudice d'autres sources latines, grecques et lombardes; et les extraits conservés dans le *Liber Guidonis* représentent seulement, à ses yeux, une recension plus correcte et plus développée faite après coup d'après un exemplaire, peut-être moins corrompu, du texte anonyme.

Tel est le point où sont arrivées jusqu'à ce jour les

études publiées sur ce petit livre barbare, si diversement jugé par les érudits qui l'on feuilleté; où Daunou ne voit qu'un amas d'inepties recueillies au fond de quelque cloître fermé à toute raison et à toute lumière; tandis que, suivant l'expression enthousiaste de Buache, c'est un diamant brut qu'il faut tailler. La vérité, comme toujours, se rencontrera sans doute dans une appréciation moyenne entre ces exagérations opposées; mais il nous faut attendre, pour la reconnaître, que le dernier mot soit dit par les adeptes qui consacrent leur labeur à élucider plus complètement ce document encore si imparfaitement connu. M. Guillaume Lejean, en donnant il y a deux ans son travail sur la Gaule de l'Anonyme de Ravenne, a annoncé que ce n'était là qu'un extrait d'une étude plus complète qu'il prépare sur la géographie de ce compilateur; M. Alfred Jacobs, mis en goût par son premier essai, nous a laissé entrevoir le dessein de ne pas s'en tenir à cet échantillon; M. Gustave Parthey ne nous a donné son mémoire sur l'Egypte du Ravennate qu'à titre d'avant-coureur de la nouvelle édition pour laquelle il s'est associé M. Maurice Pinder, comme pour nous conserver la double garantie de scrupuleuse collation des textes qu'ils nous avaient offerte dans leur édition des Itinéraires romains; enfin M. Charles Müller est engagé de son côté à comprendre l'Anonyme de Ravenne dans la collection des *Petits Géographes*, entreprise par les soins de M. Ambroise-Firmin Didot; et le mérite du premier volume nous répond assez de la haute valeur qu'auront les volumes à venir.

Cette élaboration simultanée, de diverses parts, d'un livre longtemps négligé, semble un présage que le moment est venu, ou que du moins l'heure approche où les questions soulevées autour de cette œuvre mal connue seront définitivement vidées. Jusque-là, l'édition de Porcheron demeure le seul travail complet que l'on ait encore sur la Cosmographie ravennate ; et peut-être les appréciations qu'il a faites de l'auteur, de son âge et de ses sources, plutôt raffermies qu'ébranlées au milieu des vicissitudes de la controverse, subsisteront-elles dans leurs termes fondamentaux, même après que les éditions nouvelles auront pris la place de celle-là.

II

RESTITUTION DE LA MAPPEMONDE

Quels que soient le nombre et la diversité des sources où l'écrivain Ravennate avait puisé les éléments de son livre, il les a coordonnés en un seul tout sous l'inspiration d'une idée d'ensemble qui ne nous paraît pas encore avoir été suffisamment appréciée.

Grotius, en ne voyant dans ce traité, alors inédit encore, qu'un ouvrage chorographique, montre assez qu'il s'était arrêté aux nomenclatures de villes et de fleuves rangées sous chaque nom de pays, sans chercher à démêler, dans l'ordre successif de ces chorographies juxtaposées, la méthode qui avait présidé à leur arrangement mutuel[1].

[1] *Historia Gothorum Vandalorum et Langobardorum* ab Hugone Grotio partim versa, partim in ordinem digesta. Præmissa

Porcheron, comme c'était naturel, reconnut mieux l'ordonnance extérieure de l'œuvre dont il fut le premier éditeur, et il en distingua tout d'abord les grandes divisions, dont il forma cinq livres, le premier contenant les prolégomènes ou introduction générale, les trois suivants consacrés tour à tour à l'Asie, l'Afrique et l'Europe, et le dernier traitant de la mer et des îles. Il subdivisa chacun de ces livres en chapitres d'une manière qui n'est pas toujours irréprochable quant au choix des coupures, mais qui répond cependant, pour la majeure partie, aux indications les plus saillantes du texte. Les deux Gronov n'y ont rien changé, non plus que Parthey et Pinder, et il nous faut attendre d'une édition nouvelle le redressement des imperfections de détail qui déparent sous ce rapport celles que nous possédons.

Du reste, annotateur érudit et intelligent de l'œuvre qu'il publiait, Porcheron a borné toutefois sa tâche à des rapprochements géographiques de détail, et les idées d'ensemble de son auteur paraissent lui avoir complètement échappé.

Mais Lelewel, qui a porté dans l'étude des productions géographiques du moyen âge cette généralité de vues sans laquelle il ne peut se former que des amas de notions accumulées et jamais un corps de doctrine, Lelewel n'a

sunt ejusdem prolegomena... Amstelodami 1655, in-8o. (Mazarine, 32601.)

Hugonis Grotii prolegomena.

P. 5 : *Chorographicum* vetus non editum distinguit Fenos...

P. 10 : Et scriptor Chorographici non editi : ...

point méconnu l'importance du Géographe de Ravenne, et il a reconstitué à sa manière la Mappemonde de l'auteur barbare. Accordant à la conjecture une part plus grande peut-être que ne l'autorisaient les indices offerts par le texte même qu'il voulait expliquer, l'ingénieux polonais pensa d'abord que les douze heures de jour et douze heures de nuit par lesquelles le Ravennate mesure le circuit de la terre, pouvaient représenter le cercle entier des longitudes, où chaque heure compte pour quinze degrés; puis, renonçant à cette illusion, il se prit à croire que les deux séries des douze heures de jour et douze heures de nuit se correspondaient face à face sur deux bandes parallèles, offrant en quelque sorte une double réminiscence des segments consécutifs d'un rouleau itinéraire analogue à la carte Peutingérienne; et dès 1818, il traçait un tableau figuratif de cet arrangement des contrées terrestres, en l'intitulant : « Geografa Rawannackiego Opis Mieszkanéj podtug godzin » *(Geographi Ravennatis declaratio habitationum secundum horas).*

Théodore Mommsen avait énoncé des idées plus justes sur la manière dont le Ravennate se représentait l'orbe terrestre : le savant danois avait fait ressortir du texte même de son auteur des preuves multipliées que son œuvre était rédigée d'après une mappemonde arrondie, sinon complètement circulaire. Gustave Parthey a pleinement souscrit à cette opinion qu'il a développée dans un mémoire de quelques pages, lu à l'Académie des Sciences de Berlin le 14 mars 1859; et l'habile géographe Henri Kiepert, dont le nom est en si haute estime chez tous les amis sérieux des consciencieuses études graphiques, a tenté pour sa part une représentation figurée, à petite échelle, de la Mappemonde orbiculaire du Ravennate, pour être jointe à la nouvelle édition qui se préparait alors en Allemagne [1].

[1] G. Parthey, pp. 634-635. Il ne faut pas oublier que le Ravennate a exposé son système terrestre en un latin si défectueux et d'une manière si peu claire, qu'il est souvent difficile de découvrir le sens de ses périodes; pour beaucoup de passages il faut même y renoncer tout à fait. Aussi chacun devrait-il être d'avis que cet incommode ouvrage ne vaut pas la peine d'une représentation graphique au moins si minutieuse et si soignée que celle que M. Kiepert a exécutée, qui voudrait se souvenir que les enfants difformes et négligés sont, de la part de leurs auteurs et de leurs maîtres, l'objet d'un plus grand amour.

P. 627 : Mommsen a montré que le Cosmographe de Ravenne a écrit d'après une mappemonde circulaire et que ses expressions inarrangées ont eu pour fondement une très claire représentation, telle que la Table Peutingérienne ne pouvait aucunement la lui offrir, en sorte qu'on pourrait généralement, sans difficulté, d'après ses indications, restituer une carte. Ceci est maintenant exécuté sur une feuille dessinée très soigneusement par M. Kiepert, laquelle doit accompagner, à une échelle très réduite, la nouvelle édition du Ravennate. L'exposition des terres est à la vérité assez mal tournée, mais on a besoin seulement, comme M. Kiepert le remarque, de retourner la Mappemonde entière d'un demi quadrant vers l'ouest; alors on aura un tableau plus tolérable, principalement pour les contrées situées autour de la Méditerranée. Que, cependant, une telle correction hypothétique ne se rencontre point dans le Ravennate lui-même, cela résulte de ses indications très précises, qui sont ici plus saisissables à l'œil, et qui nous fournissent un exemple instructif comment au VIIe siècle après J.-C. la Mappemonde correcte des anciens Géographes était entièrement obscurcie.

La courtoisie de l'un des éditeurs ayant mis à notre disposition une épreuve de cette curieuse petite carte dès avant la publication du livre qu'elle accompagne aujourd'hui, un premier coup d'œil nous donna lieu de soumettre aussitôt à notre savant correspondant des objections puisées dans une étude, déjà ancienne de notre part, des idées d'ensemble du cosmographe barbare. Quoique nous différions d'opinion avec le docte rédacteur sur l'un des points fondamentaux de sa construction nous n'en considérons pas moins comme très digne d'attention et d'intérêt cet essai de restitution d'une Mappemonde perdue, d'après un texte dont, suivant la remarque de Parthey, il n'est pas toujours possible de démêler le véritable sens.

Disons-le tout de suite, le point de dissidence entre nous, est dans le choix du centre autour duquel est censé se mouvoir le rayon dont l'extrémité parcourt, à l'horizon, les vingt-quatre heures qui mesurent chaque jour le cours apparent du soleil. A défaut d'une désignation expresse de ce point dans le texte du Ravennate, le savant cartographe Berlinois s'est souvenu d'un passage

P. 629 : Evidemment les rayons des 24 secteurs doivent se rapporter à un centre, que M. Kiepert, avec une grande vraisemblance, a placé à Jérusalem.

Le choix de Jérusalem pour centre de la terre paraît ainsi parfaitement justifié; mais nous avons inutilement cherché dans d'autres Géographes une division semblable à la nôtre de la circonférence du limbe terrestre; elle paraît être spécialement propre au Ravennate ou à quelqu'une de ses sources perdues.

d'Ezéchiel qui place Jérusalem au centre des Nations, déclaration qui devait, en effet, être d'une haute importance pour un écrivain habitué à résoudre les questions de science par l'autorité des Saintes Ecritures : et Kiepert, en conséquence, a choisi Jérusalem pour centre de projection aussi bien que de figure de la Mappemonde à restituer.

Ainsi se trouvait proposé un nouveau problème, dont les conditions énoncées par l'auteur original devaient irrémissiblement se plier à l'hypothèse conjecturale adoptée par le dessinateur; et l'habile cartographe a ingénieusement triomphé des difficultés qu'il s'était lui-même imposées. Mais ce tour de force n'a pu être accompli qu'en bouleversant de fond en comble les gisements effectifs et les formes réelles des terres et des mers du monde alors connu.

Une telle interprétation graphique des énonciations descriptives du Ravennate ne saurait être admise que dans la supposition d'une impossibilité absolue de représenter les données de l'auteur barbare sans défigurer à ce point étrange le type réel de notre écumène. Or, il n'en est rien, ce nous semble. Notre Cosmographe avait consulté, nous le savons de lui-même, la Géographie de Ptolémée, dont la Mappemonde, tout imparfaite qu'elle soit, se maintient pourtant dans des limites d'approximation qu'il serait imprudent de perdre entièrement de vue dans l'appréciation d'un travail qui en conserve le reflet en plus d'un endroit. Le Géographe barbare invoque en outre parfois le témoignage des voyageurs éclairés *(prudenter ambulantes viri..... sapiens viator)* à l'appui de la disposition générale qu'il assigne aux différentes contrées ; d'où il faut conclure que non seulement il comparait entre eux, ainsi qu'il l'affirme expressément, les divers documents écrits ou dessinés qu'il avait sous les yeux, mais qu'il les contrôlait en outre par des informations orales. Toutes ces inscriptions et ces informations devaient donc le conduire, autant que pouvait s'y prêter son intelligence, à une perception relativement moins imparfaite des gisements, de l'étendue, de la situation mutuelle, et même des distances des pays du monde connu.

Les éléments d'instruction auxquels il se réfère devaient abonder à Ravenne, cette puissante ville qui avait éclipsé Rome et ne cédait le premier rang qu'à l'impériale Constantinople. C'était sa ville natale, c'est là qu'il résidait : c'est donc là qu'il devait aussi recueillir et mettre en œuvre les matériaux de sa Cosmographie, de là qu'il devait naturellement prendre son point de vue, là qu'il devait faire converger tous les résultats de ses informations; et il nous donne une preuve explicite frappante de cette centralisation à Ravenne qui dominait l'ensemble de son œuvre, dans son périple spécial de la Grande Mer, ainsi qu'il appelle la Méditerranée, en choisissant précisément cette *Ravenna nobilissima,* sa patrie, pour le lieu de départ et de retour de cette grande tournée maritime.

La conclusion qui se présente ainsi d'elle-même *à priori* se trouverait-elle contredite par les autres éléments de vérification que nous offre le livre du Ravennate ? En aucune façon : et l'étude approfondie de toutes les indications qui s'y peuvent recueillir tend à confirmer de plus en plus ce fait fondamental, que la représentation graphique de sa Description du Monde ne peut avoir que Ravenne pour centre de projection.

Sans aborder ici diverses questions spéciales qu'il y aurait lieu de discuter dans un examen rigoureux des conditions du problème, un procédé des plus simples suffit à la vérification instantanée du fait énoncé. Prenant une carte du Monde connu des Anciens, telle qu'on en rencontre dans tous les Atlas d'étude, on peut se borner à y inscrire, en conformité des désignations de l'auteur barbare, la double série des chiffres I à XII destinés à marquer, à l'horizon, le gisement des contrées qui se succèdent sur les marges de l'Océan à mesure que le soleil s'avance d'heure en heure de l'Orient à l'Occident par le midi, et retourne de l'Occident à l'Orient par le minuit. Ces vingt-quatre heures horizontales répondent, le Cosmographe le dit lui-même, aux douze aires de l'ancienne rose des vents; c'est donc au point de convergence de ces vents que se trouvera le centre de sa Mappemonde.

Ce qu'il appelle les marges de l'Océan, c'est simplement la limite extérieure des connaissances acquises. C'est bien de l'Océan réel ou de ses golfes qu'il s'agit, en effet, depuis les bouches du Gange jusqu'à la Mer Rouge; mais la partie australe de l'Afrique étant restée ignorée, une ligne vaguement tracée du détroit de Mandeb à celui de Gibraltar en passant un peu au sud des points connus d'Axum, Germa et Iggil, est censée représenter les rivages

Libyques sur l'Océan Austral. C'est encore l'Océan réel qui, depuis le détroit de Gibraltar, dessine les contours de l'Europe jusqu'au-delà des bouches de la Vistule et peut-être du golfe de Riga; mais, de là jusqu'au golfe Gangétique, il ne s'agit encore que d'illusoires rivages dessinés par une ligne vaguement dirigée à travers des plages inconnues jusque vers les bouches du Volga dans la mer Caspienne, grand golfe supposé de cet Océan fantastique, puis reprenant un peu au delà des bouches du Sir Daria et se poursuivant dans les mêmes conditions d'incertitude jusqu'au delà des bouches du Gange.

Quelque emplacement que des conditions de distances relatives assignassent, dans la pensée du Ravennate, à ce point extrême de l'Orient qu'il rapprochait extrêmement du golfe Caspien, nous ne jugeons pas nécessaire de nous y arrêter dans la simple question à considérer ici des gisements assignés à la périphérie du monde ainsi limité. Inscrivons donc le chiffre I sur l'Inde, II sur la Perse, III sur l'Arabie, IV sur l'Abyssinie, V auprès de Germa, VI et VII s'échelonnant à la suite conjecturalement pour que VIII vienne s'asseoir près d'Iggil dans le Sous; passant alors le détroit de Ceuta, nous inscrirons IX sur l'Andalousie, X sur la Galice, XI sur la Guienne, et XII sur la Bretagne Armorique. Il faudra recommencer la série par le chiffre I sur la Belgique, II sur la Hollande, III vers l'Elbe, IV dans le Danemark, V et VI échelonnés plus à l'est pour arriver avec le chiffre VII sur la rive droite de la Vistule, siége des Sarmates; VIII sera inscrit sur la rive droite du Dnièper pour désigner le pays des Roxolans, IX se placera sur le Don à l'intention des Amazones, X vers Astrakan pour les Khazars, XI près de Derbent à cause des Portes Caspiennes, et enfin XII sur les deux rives opposées de la pointe australe de la mer Caspienne, tant à cause des Albaniens de l'ouest que des Hyrcaniens, des Parthes et des Bactriens de l'est.

Et maintenant, qu'on réunisse deux à deux les chiffres consécutifs de chaque série, pour constituer le domaine respectif des douze aires de la rose des vents, et l'on sera surpris de l'accord avec lequel ces douze vents convergent vers Ravenne.

Un embarras, à la vérité, se présente au premier abord, sur la corrélation à établir entre les heures ainsi accouplées et la nomenclature des vents ; car un zéro sépare, aux deux termes opposés de la route du soleil, la XIIe heure accomplie de la Ire heure qui commence, et si l'on admet que ce zéro marque exactement le point précis de l'Orient ou de l'Occident, c'est évidemment à ce point de partage que répondra le milieu de l'aire afférente d'une part au vent d'est ou Subsolanus, de l'autre au vent d'ouest ou Favonius ; à chacun d'eux en ce cas appartiendrait donc une heure de jour et une heure de nuit ; or, il n'en peut être ainsi, puisque les douze heures de jour doivent, suivant la déclaration formelle du Cosmographe, correspondre exactement à six vents de la rose, et les douze heures de nuit aux six autres vents. Il faut donc rejeter de l'un ou de l'autre côté du zéro horaire le vent qui ne peut être partagé; et ici nouvelle hésitation :

auquel des deux côtés attribuer ce vent indivisible ? Un examen d'ensemble, qu'il est superflu de développer ici, démontre que c'est pour le côté de la XIIe heure accomplie qu'il faut se déterminer ; et l'on n'a dès lors, en parcourant la série des heures de jour, qu'à inscrire le nom d'Eurus vis-à-vis des heures I et II qui marquent le gisement de l'Inde et de la Perse ; Euro-Nothus, vis-à-vis des heures III et IV qui marquent le gisement de l'Arabie et de l'Axumitaine ; Nothus ou Auster, vis-à-vis des heures V et VI qui signalent la Garamantide et la Biblobatide ; puis Libo-Nothus correspondra aux heures VII et VIII qui désignent les Mauritanies ; et continuant ainsi de proche en proche, nous verrons successivement l'Espagne placée avec les heures IX et X dans l'aire du vent Africus, et la Gaule avec les heures XI et XII dévolue à Favonius. Abordant alors la série des heures de nuit, nous verrons la France rhénane et la Frise appartenir à Corus, la Saxonie et le Danemarck à Circius, la Fennie et la Scythie à Septentrion, la Sarmatie et la Roxolanie à Aquilon, l'Amazonie et la Gazarie à Vulturne, enfin la Caspie et la Parthie à Subsolanus.

Ravenne, Ravenne seule, est le centre auquel se rapportent tous ces gisements ; et le degré d'exactitude générale avec lequel cette condition est remplie, alors même qu'on opère sur une mappemonde conforme aux configurations réelles que la science moderne a contrôlées, est des plus remarquables pour le siècle auquel appartient notre Cosmographe.

Mais s'il n'est pas douteux que Ravenne soit le centre

d'observation et de projection où se trouvait placé de fait notre Ravennate, il ne s'ensuit pas qu'elle soit en même temps le centre de figure de son planisphère; l'examen de son texte nous procure aisément au contraire la preuve qu'il n'a point renfermé celui-ci dans la limite circulaire de l'horizon de Ravenne, et même qu'il ne l'a pas encadré dans un cercle proprement dit : des conditions de gisement et d'étendue relative font bientôt reconnaître que notre Cosmographe s'est représenté la terre habitée comme une ellipse allongée d'est en ouest, ayant son grand axe plus méridional, son petit axe plus oriental que le parallèle et le méridien qui se croisent à Ravenne.

Il est évident que si l'orbe terrestre eût été, dans la pensée du Ravennate, un cercle proprement dit, chacune des quatre grandes plages de l'horizon en aurait occupé le quart, et les quatre océans correspondants se seraient étendus en proportions égales sur le limbe extérieur; tandis que l'allongement de l'écumène d'est en ouest doit augmenter à proportion l'étendue des deux Océans qui baignent la plage boréale et la plage australe, et par contre restreindre le domaine de chacun des deux Océans oriental et occidental. Or, c'est précisément ce qui advient dans le cas actuel, puisqu'il résulte des explications de notre auteur une grande inégalité dans la répartition des quatre Océans; et en effet, de son observatoire, s'il nous est permis d'employer ce mot, de son observatoire de Ravenne il voyait l'Océan boréal et l'Océan austral accuser ensemble une mesure angulaire totale de XVI heures ou 240°, tandis que l'Océan oriental et l'Océan occidental n'avaient plus à compter ensemble qu'une mesure de VIII heures ou 120°. La figure elliptique de la Mappemonde du Ravennate est donc hors de doute.

Mais il ne suffit pas de reconnaître d'une manière générale l'existence de cette ellipse, il en faut déterminer les proportions relatives, sinon avec une précision que ne sauraient comporter les éléments imparfaits dont il nous est loisible de disposer, du moins avec une approximation suffisante pour servir plausiblement de cadre à une tolérable restitution de la Mappemonde du vieil écrivain.

Une donnée hypothétique préalablement indispensable, et qui sera concédée, nous le croyons, sans trop de difficulté, c'est la symétrie des quatre océans, ainsi entendue, qu'au centre de l'ellipse les mesures angulaires soient égales pour les Océans opposés deux à deux; le problème se réduit alors à déterminer le point central où doit se vérifier cette symétrie, sans altération des mesures angulaires prises simultanément à l'observatoire de Ravenne.

Ces mesures, soigneusement relevées dans le texte de notre auteur, attribuent à l'Océan Occidental cinq heures ou 75° de l'horizon de Ravenne, comprenant le vent d'ouest ou Favonius avec le vent collatéral Africus tout entier, et seulement la moitié de l'autre vent collatéral Corus; l'Océan septentrional n'occupe pas moins de neuf heures ou 135° de l'horizon de Ravenne, embrassant, outre le vent principal Septentrion et ses deux collatéraux Circius et Aquilon, d'un côté la moitié restante de Corus, et de l'autre le Vulturne tout entier ; l'Océan oriental au contraire, est borné à trois heures seulement ou 45° de l'horizon de Ravenne, répondant à Subsolanus avec une moitié seulement de son collatéral Eurus ; enfin l'Océan méridional a pour sa part sept heures ou 105° de l'horizon de Ravenne, comprenant, avec le vent Auster et ses deux collatéraux Austro-Africus et Euro-Nothus, la moitié restante d'Eurus.

Or, il est à remarquer, dans ce tour d'horizon pris à l'observatoire de Ravenne, que les deux Océans mutuellement contigus du Nord et de l'Est en occupent ensemble la moitié, et les deux autres Océans mutuellement contigus du Sud et de l'Ouest l'autre moitié, d'où il suit que la ligne séparative de ces deux moitiés, orientée d'une manière précise par les points respectifs de partage entre les heures I et II de jour et de nuit, et sur laquelle est assise Ravenne, constitue nécessairement un des diamètres de l'ellipse cherchée ; et puisque cette ligne coupe le méridien de Ravenne sous un angle de quatre heures ou 60°, elle doit donc aussi couper sous le même angle le petit axe de l'ellipse, lequel doit être à son tour parallèle à ce méridien ; d'où il suit encore que le diamètre symétrique destiné à marquer la séparation mutuelle des Océans entre le nord et l'est, aussi bien qu'entre le sud et l'ouest, doit former pareillement, de l'autre côté du petit axe, un angle symétrique de 60° ; de telle sorte qu'en définitive l'observateur placé au centre de l'ellipse verra autour de lui les quatre océans se développer sur les marges de l'écumène sous des mesures angulaires égales deux à deux, de 120° au Septentrion et au Midi, et de 60° seulement à l'Orient et à l'Occident.

Une formule trigonométrique des plus simples procurera la grandeur relative des deux diamètres ainsi orientés, et de la distance de Ravenne au centre de l'ellipse, en fonction de la distance appréciable de Ravenne au point de l'ellipse où vient aboutir le rayon dirigé par le détroit de Ceuta et Cadix entre les vents Africus et Libo-Nothus, c'est-à-dire entre les heures VIII et IX de l'horizon de Ravenne; car cette distance sera le côté connu d'un triangle dont tous les angles sont déjà déterminés.

En estimant plausiblement cette distance à environ 1800 milles romains, on en pourra conclure aussitôt un chiffre rond de 4000 milles pour la longueur de chacun des deux diamètres séparatifs des quatre Océans, et leur point d'intersection se trouvera fixé approximativement par un intervalle de 540 milles à l'Eurus de Ravenne. Il ne reste plus dès lors qu'à décrire par les quatre points fixes que désignent les extrémités des deux diamètres, une ellipse de proportions moyennes, ou plus simplement une ovale à la manière des artistes, qui se bornent à considérer les quatre points donnés comme les quatre coins d'un rectangle dont les quatre côtés servent de cordes à autant de quarts de cercles, respectivement égaux et opposés deux à deux : la figure obtenue par ce procédé empirique ne diffère qu'imperceptiblement d'une ellipse normale, ayant son petit axe égal à l'un des grands côtés du rectangle, et dans le rapport de 4 : 5 avec le grand axe, ou le rapport de 4 : 3 avec l'intervalle des deux foyers.

III

OBSERVATIONS SUR LE MODE DE RESTITUTION PROPOSÉ PAR M. D'AVEZAC ET LES AUTEURS POSTÉRIEURS

PAR M. JEAN GRAVIER

M. d'Avezac, dans le courant de ses nombreuses œuvres sur la Géographie du Moyen Age, avait souvent entrevu l'Anonyme de Ravenne; çà et là il avait jeté quelques appréciations sur l'existence et la véracité du Ravennate, émis quelques hypothèses sur la possibilité de la restitution d'une carte conforme aux données de l'auteur. L'obscurité du texte de ce géographe, l'énigme de son origine, les discussions qui avaient surgi de tous côtés sur sa valeur, devaient facilement d'ailleurs tenter l'infatigable et savant chercheur; aussi, M. d'Avezac s'est-il, à deux reprises différentes, spécialement occupé de l'Anonyme de Ravenne. En 1859, il lut à l'Académie un petit mémoire où, de main de maître, il reprend l'histoire des critiques du Ravennate; ce mémoire est un chef-d'œuvre d'érudition et de clarté, nous développant, dans un style précis, mêlé parfois d'une pointe d'ironie, la curieuse polémique engagée sur le manuscrit de l'Anonyme : exposé intéressant des querelles que l'origine et le nom de l'auteur ont suscitées. Bien des savants ont rompu des lances pour ou contre le Ravennate — Leibnitz, lui-même, n'a pas dédaigné d'entrer dans la lice — jusqu'à ce que toutes ces critiques, tantôt trop sévères, tantôt trop élogieuses, se soient fondues aujourd'hui dans une appréciation indulgente de l'œuvre du géographe. M. d'Avezac n'a pas conclu à la fin de son mémoire, et cela se conçoit aisément; ce travail n'était en effet dans son esprit qu'un travail de préparation, une étude, comme il la faisait toujours, loyale et minutieuse, des *antécédents* d'un auteur dont il voulait personnellement analyser l'œuvre; il estimait d'ailleurs qu'il lui était nécessaire, pour fixer son opinion, d'attendre les travaux en expectative de MM. Ch. Müller, Alf. Jacobs, G. Lejean et G. Parthey.

Un certain nombre des critiques attendues se firent jour, ne déterminant pas exactement, il est vrai, la date précise où écrivit le Ravennate, mais confirmant la valeur et l'intérêt du manuscrit; le livre barbare était définitivement classé parmi les précieux documents utiles à la connaissance de la géographie du Moyen Age.

Quelques savants entreprirent des restitutions partielles; M. Kiepert tenta même, d'après les indications de Mommsen et Parthey, la restitution d'une carte générale. Sa carte ingénieuse était fondée sur un principe conforme aux théories cosmographiques du Moyen Age, mais contraires aux données positives de l'Anonyme.

M. d'Avezac intervint alors à nouveau de toute son autorité et de sa science; dans un second mémoire que la mort ne lui laissa pas le temps de publier, il rectifia les hypothèses de Kiepert et proposa un tracé rigoureux de la carte, plus conforme aux données du Ravennate et à la science cosmographique du Moyen Age.

Nous nous proposions de faire connaître, sans commentaires, les conclusions de M. d'Avezac; mais la publication de ce mémoire a été retardée par des circonstances indépendantes de notre volonté, et la question du Ravennate n'en marchait pas moins à grands pas. Un savant allemand, M. E. Schweder, a, en effet, de son côté, répudié aussi les hypothèses de Kiepert et conçu un nouveau mode de restitution presque analogue à celui de M. d'Avezac. Il est donc intéressant d'ajouter quelques observations à la publication de ce mémoire et de comparer les deux méthodes de restitution pour découvrir la solution la plus complète du difficile problème que les deux auteurs se sont, sans aucun doute, proposé à leur insu.

MM. d'Avezac et Schweder s'accordent tout d'abord à reconnaître qu'il n'y a aucune raison de prendre Jérusalem pour centre de figure et de projection; le Ravennate, en effet, ne fait aucune mention particulière de cette ville; elle est citée une seule fois, à son rang, sans aucun commentaire. Il ne faut pas oublier d'ailleurs que l'Anonyme a fait précéder son énumération géographique d'un bref exposé cosmographique, où la Bible fait tous les frais de l'argumentation. Il aurait certainement signalé un fait aussi important, et l'aurait expliqué même à coups de citations tirées des Ecritures Saintes.

La division horaire conçue par le Ravennate exigeait cependant un centre de projection, un *observatoire*; les deux doctes critiques ont choisi Ravenne. Rappelons brièvement leurs arguments communs : l'Anonyme cite la *nobilissima Ravenna* à plusieurs reprises; Ravenne est, au dire même de l'auteur, sa patrie, et sert enfin de point de départ au périple de la grande mer.

Le centre de projection coïncide-t-il avec le centre de figure? MM. d'Avezac et Schweder nient également l'identité des deux centres. Si, en effet, le centre de projection coïncidait avec le centre de la carte, les Océans correspondants, dont on peut admettre *a priori* la symétrie, comprendraient un nombre égal d'heures, et les données du Ravennate, soigneusement relevées à cet égard, contredisent nettement un pareil résultat.

Enfin, la forme de la carte est un ovale allongé dans le sens de l'Orient à l'Occident, et non un cercle; cela résulte de considérations d'étendue, parmi lesquelles il ne faut pas négliger la division à peu près égale de la terre en trois portions attribuées aux fils de Noé, condition assez difficile à remplir avec une marge circulaire.

Le commun accord des deux savants sur ces premières données de la carte, accord fondé sur une étude attentive et complète de l'auteur, nous autorise bien facilement à admettre ces points fondamentaux de la restitution d'une carte; mais des divergences de vue importantes se produisent quant à la direction de la ligne de séparation des heures de nuit et de jour.

M. Schweder, pour baser une division horaire sur la rose des vents, trouve insuffisants les deux passages identiques où le Ravennate explique que six vents soufflent dans la partie de la terre attribuée aux heures du jour, et six autres vents dans la partie attribuée aux heures de nuit[1]. Il s'en rapporte exclusivement à quelques autres citations de l'Anonyme[2]. La première de ces citations est, en effet, bien explicite : « La course du soleil sur la marge méridionale au printemps, dit l'Anonyme, indique

[1] ... itaque per totas quas signavimus horas diei patrias, jussu Dei qui producit ventos de thesauris suis, flant venti sex. (*Edition de Porcheron*, Paris, M DC LXXXVIII, pp. 9 et 28.)

[2] Ergo dum sol totam diem per meridianum marginem potentissimi jussu factoris exambulat, unamquamque horam diei verno tempore, tanquam horologium, ordinem suum per occursum designat (p. 4).

Et si per horologium, quod in metallo designatur modicum, totam diem per horarum supputationes diligentius discernimus : quanto magis prudentes viri totum ut ros Herophormum arbitrantes mundum, possunt subtilius quæ ponuntur patriæ in universo mundo circa Oceani limbum per totas horas supputare? (P. 11.)

Dum quandoque horologium non est, et fortasse, ut adsolet, nox caliginosa existens nullo modo valet homo noctis supputando intueri horas... (p. 29).

dans leur ordre les heures de jour » ; or, à l'équinoxe, le soleil se lève exactement à droite de la ligne E.-O. de l'observateur, et se couche exactement à sa gauche. L'Anonyme ajoute que cette division horaire est analogue à celle que l'ombre d'un stylet détermine sur le tableau d'un cadran solaire ; or, à toute autre époque que l'équinoxe, la courbe d'ombre, sur un cadran dont le stylet est parallèle à l'axe du monde, est une hyberbole ; mais au printemps, la courbe d'ombre est une droite passant par le pied du stylet ; cette droite est l'équinoxiale, c'est-à-dire le parallèle de l'observateur. La construction de M. Schweder en résulte nécessairement ; la ligne de séparation des heures de nuit et de jour sera une parallèle au grand axe de la carte, cet axe de la carte étant lui-même perpendiculaire à la ligne Nord-Sud.

Des arguments non moins intéressants ont déterminé M. d'Avezac à choisir une autre ligne de séparation : « Consultons, en effet, dit-il, les cartes des anciens restituées avec une approximation suffisante ; marquons de leur numéro horaire les régions indiquées par le Ravennate, et joignons deux à deux les chiffres consécutifs des séries d'heures de nuit et de jour ; on constatera que ces rayons vecteurs se coupent à Ravenne avec un accord assez remarquable. » Sur des cartes de Strabon, Eratosthène, Ptolémée, on peut justifier cette assertion. M. d'Avezac avait seulement en vue de démontrer ainsi que Ravenne est centre de projection ; mais cette remarque peut également nous servir à donner une direction approximative de la ligne de séparation des heures de nuit et de jour; dans les cartes précitées, en effet, le rayon vecteur qui joint Ravenne à l'Inde Dimirica fait, avec le parallèle de l'observateur, un angle d'environ 15°. Imaginons alors à Ravenne une rose de douze vents, naturellement orientée, l'angle du secteur attribué au vent Subsolanus[1] ayant pour bissectrice la ligne Est-Ouest; comme les angles des secteurs sont de 30°, la ligne de séparation des heures de nuit et de jour qui doit faire un angle de 15° avec le parallèle de Ravenne se confondrait avec la ligne de séparation des vents Subsolanus et Eurus d'une part, Corus et Favonius d'autre part; la carte serait, de cette façon, divisée en deux parties, dont chacune contiendrait exactement douze vents, suivant l'affirmation précise de l'Anonyme.

Le passage, si explicite, invoqué par M. Schweder, n'avait certainement pas échappé à la perspicacité de M. d'Avezac. Mais comment imaginer, dans l'œuvre disparate de l'Anonyme, toute faite d'emprunts, pleine de contradictions, dans une cosmographie systématiquement biblique et absurde, que le Ravennate ait conçu un système de projection, sinon complet, puisqu'il ne détermine la position des lieux que par une seule coordonnée, du moins originale et basée sur une réalité cosmographique? Un mode de division horaire, fondé sur la rose des douze vents, n'était pas d'ailleurs chose inconnue dans l'antiquité ni au Moyen Age; de plus, il était rationnel,

[1] Nous admettons les dénominations de Pline relatives à la rose des 12 vents.

étant donné le rapport simple du nombre des vents au nombre des heures de jour et de nuit.

Au IIIe siècle avant notre ère, Timosthène avait dressé une carte où les gisements relatifs des nations sont indiqués d'après les secteurs d'une rose des vents, à l'horizon de Rhodes; ajoutons que l'ordre dans lequel sont placées ces nations présente une analogie assez remarquable avec celui du Ravennate. Le planisphère niellé du musée Borgia est basé sur le même principe. Des traces de ce mode de division se retrouvent longtemps encore dans la cosmographie arabe elle-même; le géographe La Kariyâ, au XIIe siècle, dessinait autour de la Kasbâh de la Mecque une rose de vingt-quatre secteurs, dans lesquels il inscrivait les noms des pays correspondants, sans même attacher aux secteurs le nom des vents.

Il paraissait donc évident à M. d'Avezac que ce système horaire avait pu être inspiré au Ravennate par la marche du soleil dans le ciel, ou le déplacement correspondant de l'ombre d'un stylet sur le tableau du cadran solaire, mais que tout avait déterminé le Ravennate à mettre sa division horaire en concordance avec la division de la rose des vents.

M. Schweder nous a montré avec beaucoup de science que la carte qu'il avait reconstituée était non seulement conforme aux données du Ravennate, mais qu'elle était également conforme à certains préjugés géographiques du Moyen Age. Or, la carte restituée dans l'esprit de M. d'Avezac, qui diffère peu, somme toute, de celle de

M. Schweder, remplit ces conditions avec le même degré d'approximation.

Traçons, à partir du détroit de Gades, une ligne droite traversant la mer Intérieure, le prolongement de cette ligne se confond avec le Taurus.

Ptolémée plaçait systématiquement le Borysthène et le Nil sur un même méridien : ce fait se reproduit sur notre carte. Il est vrai, comme le fait remarquer justement M. Schweder, qu'au Moyen Age on plaçait le Tanaïs sur le même méridien que le Nil; mais cette hypothèse n'a guère prévalu que chez les Cosmographes qui partageaient le Monde en deux parties égales : l'Asie d'un côté, l'Afrique et l'Europe d'un autre côté. Or, le Ravennate insiste au contraire, à l'instar de Cosmas Indicopleustes, sur l'égalité des portions attribuées aux trois fils de Noé.

Quant aux autres conditions, moins importantes, énoncées par M. Schweder, elles sont également vérifiées dans la carte de M. d'Avezac.

M. Schweder, dans la carte qu'il nous a présentée, n'a pas déterminé exactement la position de Ravenne, relativement au centre de figure. Il a de plus admis que la partie septentrionale de la grande mer n'offrait qu'une déformation peu sensible; il résulte de là quelques minimes erreurs qu'il est bon d'indiquer. Ainsi M. Schweder place le Palus Mœotides sur le bord oriental de la XIe heure, quand le Ravennate fixe sa position sur le bord de la IXe heure. Si, d'ailleurs, le Palus Mœotides occupait, dans la carte de M. Schweder, la place indiquée par le

Ravennate, le Tanaïs et le Nil seraient loin, comme il le prétend, de se trouver sur un même méridien.

Dans la XIe heure de nuit, le Ravennate place les portes Caspiennes, à l'extrémité du Taurus, et les monts du Caucase qui, par un long circuit, se rattachent aux monts Rimphées [1]. Or la carte de M. Schweder se plie difficilement encore à ces vérifications de l'Anonyme.

Dans la IIIe heure du jour, le Ravennate place les bouches du Nil et Alexandrie; or, M. Schweder fixe leur position dans la IVe heure, contre le texte de l'auteur et dans le but évident de donner à l'Afrique une étendue à peu près normale.

On pourrait, de l'étude approfondie du Ravennate, et dans la restitution d'une carte générale tout à fait complète, multiplier ces observations; contentons-nous d'indiquer ces simples rectifications que M. Schweder eût sans doute opérées, s'il n'avait voulu s'en tenir à un simple schema.

La carte que j'ai restituée, suivant l'esprit de M. d'Avezac, n'est pas sans présenter elle-même quelques défectuosités; pour les corriger, peut-être eût-il fallu modifier quelque peu les idées de M. d'Avezac; mais je me suis imposé d'obéir strictement à la pensée du savant auteur.

[1] Undecima ut hora noctis Caspium portæ, vel vicus extremus Taurus sit, qui Caucasus unus et iterum intransmeabilis eremus esse conscribitur (pp. 27, 28).

... quia, ut aiunt, ipsi Caucasi montes secum Caspios amplectentes, magnumque flexum per longum intervallum dantes, se cum præfatis montibus Rimpheis adunant (p. 96).

J'ajouterai enfin quelques réflexions sur la construction proprement dite de la projection imaginée par M. d'Avezac. La symétrie des océans est imposée *a priori*; de plus, la ligne I-II de jour, qui fait, avec le méridien de Ravenne, un angle de 60°, sépare les océans septentrional et oriental des océans méridional et occidental. Le problème de la construction revient donc à déterminer un rectangle dont les côtés latéraux sont parallèles au méridien de Ravenne, et dont les sommets s'appuient sur les rayons I-II de jour, VIII-IX de jour, I-II de nuit, X-XI de nuit. Si les angles que forment entre elles ces droites étaient quelconques, la solution serait généralement impossible; mais si ces angles remplissent certaines conditions de relation, non seulement il peut y avoir une solution, mais il y en a même une infinité. Or, dans l'hypothèse des mesures relevées par M. d'Avezac, dans le manuscrit du Ravennate, les conditions de relation ne sont pas complètement satisfaites. Admettons, néanmoins, avec l'auteur, qu'elles le soient approximativement : il y a toujours indétermination sur la solution; pour résoudre cette indétermination, M. d'Avezac estime que la distance de Ravenne à la marge de la carte, comptée sur le rayon vecteur qui passe par le détroit de Ceuta, est de 1 800 milles romains environ; il en résulte, par une résolution de triangle facile, la position précise du centre de l'ovale. Le rectangle une fois construit, il y a encore indécision sur la forme de l'ovale qui doit passer par les quatre sommets du rectangle, et être symétrique par rapport à deux axes rectangulaires passant par le centre. M. d'Avezac a admis avec raison que l'ovale le plus probable était une ellipse moyenne construite à la façon des artistes [1].

1 Prenons pour axe Ox, le parallèle de Ravenne, et pour Oy son méridien; soit OA, OC, BD les lignes proposées : je mène une

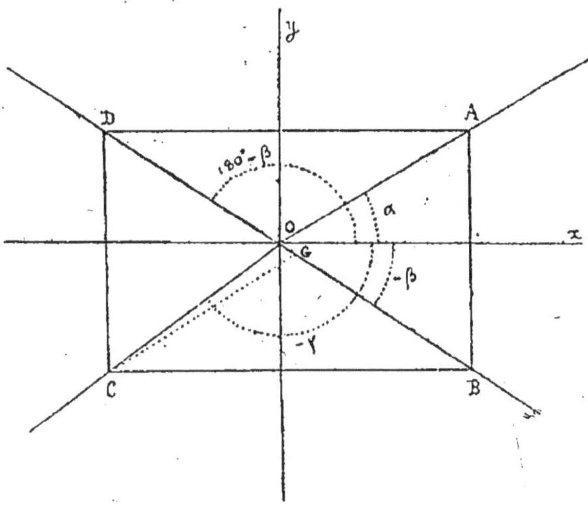

droite qqc. AB parallèle à Oy, à la distance λ. Les coordonnées du point A sont ($x = \lambda$, $y = \lambda$ tg. α); les coord. du point B sont ($x = \lambda$, $y = -\lambda$ tg. β); celles de D sont $\left(y = \lambda \text{ tg.} \alpha,\ x = -\frac{\lambda \text{ tg.} \alpha}{\text{tg.} \beta}\right)$; celles de C $\left(y = -\lambda \text{ tg.} \beta,\ x = \lambda \frac{\text{tg.} \beta}{\text{tg.} \gamma}\right)$. Pour que la droite CD soit parallèle à Oy, il faut que les abscisses des points C et D soient égales, c.-à.-d. que $-\frac{\text{tg.} \alpha}{\text{tg.} \beta} = \frac{\text{tg.} \beta}{\text{tg.} \gamma}$ ou tg. α tg. $(180° - \gamma) = \text{tg.}^2 \beta$. (1)

Or $\alpha = 15°$, $\beta = 30°$ $\gamma = 135°$; il faut donc que tg. 15° tg. 45° = tg.² 30° ou tg. 15° = tg.² 30°.

Cette condition n'est pas complètement satisfaite.

La relation (1) étant indépendante de λ, montre qu'il y aura une infinité de solutions, si elle est satisfaite.

Toutes ces indéterminations sont, on le voit, résolues d'une façon assez rationnelle ; elles ne laissent, en définitive, au tracé de la carte, qu'une incertitude parfaitement compatible avec le degré d'approximation qu'on est en droit d'exiger dans une pareille restitution.

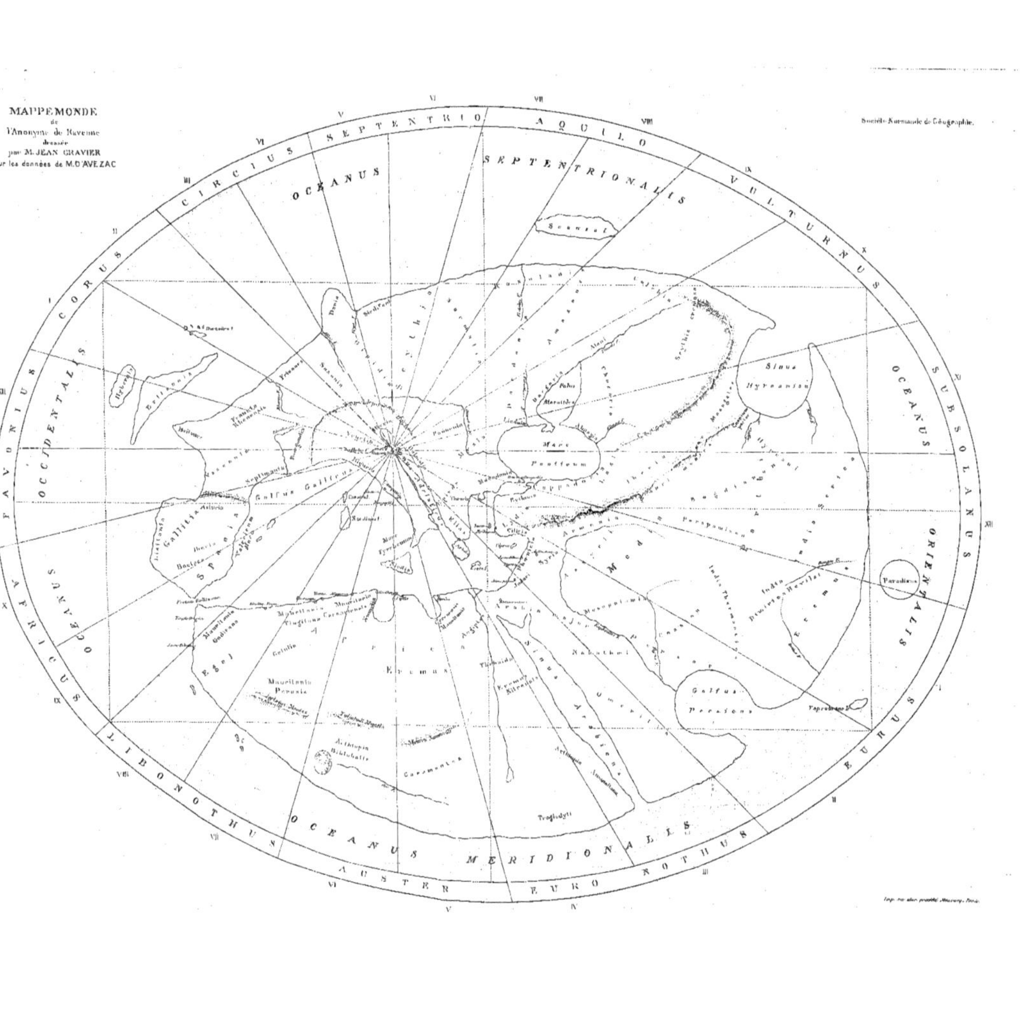

MAPPEMONDE
de
l'Anonyme de Ravenne
dressée
par M. JEAN GRAVIER
sur les données de M. D'AVEZAC
Société Normande de Géographie.
SEPTENTRIO
AQUILO
VULTURNUS
SUBSOLANUS
EURUS
EURO NOTHUS
AUSTER
LIBONOTHUS
AFRICUS
FAVONIUS
CORUS
CIRCIUS
OCEANUS SEPTENTRIONALIS
OCEANUS ORIENTALIS
OCEANUS MERIDIONALIS
OCEANUS OCCIDENTALIS
Scanzia
Sinus Hyrcanius
Mare Ponticum
Gallfus Gallicus
Mare Tyrrhenum
Paradisus
Gulfus Persicus
Eremus
Mauritania Perosis
Aethiopia Biblobalis
Garamantes
Trogludyti
Taprobane I.

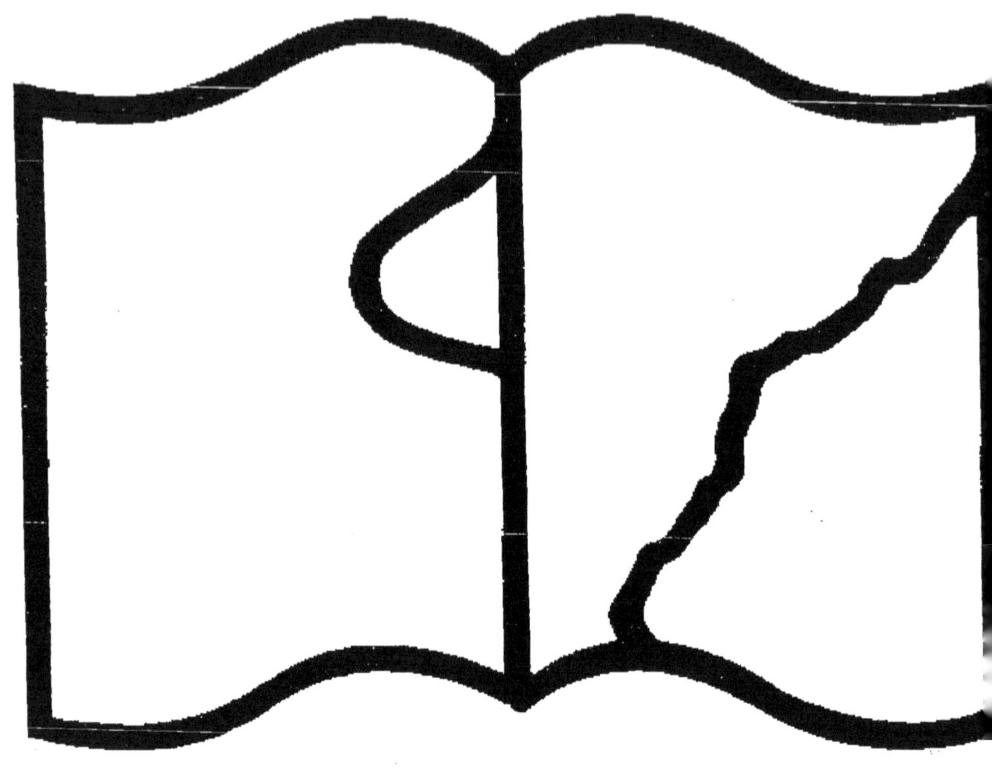

Texte détérioré — reliure défectueuse

NF Z 43-120-11

A
B

www.ingramcontent.com/pod-product-compliance
Ingram Content Group UK Ltd.
Pitfield, Milton Keynes, MK11 3LW, UK
UKHW051022210726
13857UKWH00007B/1082

9 782012 857889